【案例精讲】绘制海边风景

【实战】绘制苹果

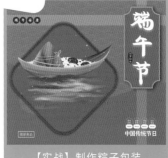

【实战】制作粽子包装

彩插——案例欣赏

绘制卡通木板

【案例精讲】数字倒计时动画

【实战】音乐波形频谱

【实战】制作音乐进度条

制作滚动文字

【案例精讲】制作旅游宣传广告

【案例精讲】制作匆匆那年片头动画

制作律动的音符

Adobe Animate CC(Flash)动画设计

与制作案例实战

苏晓光　闫文刚　主编

清华大学出版社

北京

内 容 简 介

本书由浅入深、循序渐进地介绍了 Animate 的使用方法和操作技巧。本书每一章都是围绕综合实例进行介绍的，便于提高和拓宽读者对 Animate 2020 基本功能的掌握与应用。

全书共 8 章，包括绘制海边风景——基本绘图工具，制作数字倒计时动画——导入素材文件，制作汽车行驶动画——帧与图层，制作匆匆那年片头动画——文本的编辑与应用，制作闪光文字——元件、库与实例，制作旅游宣传广告——补间与多场景动画的制作，制作美食网站切换动画——ActionScript 基本语句，课程设计。

本书内容翔实，结构清晰，语言流畅，实例分析透彻，操作步骤简洁实用，适合广大初学 Animate 2020 的读者使用，也可作为各类高等院校相关专业的教材。

图书在版编目(CIP)数据

Adobe Animate CC(Flash)动画设计与制作案例实战 / 苏晓光，闫文刚主编. —北京：清华大学出版社，2022.7

ISBN 978-7-302-60512-6

Ⅰ.①A… Ⅱ.①苏… ②闫… Ⅲ.①超文本标记语言—程序设计—教材 Ⅳ.①TP312.8

中国版本图书馆CIP数据核字(2022)第055931号

责任编辑：李玉茹
封面设计：李　坤
责任校对：鲁海涛
责任印制：丛怀宇

出版发行：清华大学出版社
　　　　网　　　址：http://www.tup.com.cn，http://www.wqbook.com
　　　　地　　　址：北京清华大学学研大厦A座　　　　邮　　编：100084
　　　　社 总 机：010-83470000　　　　邮　　购：010-62786544
　　　　投稿与读者服务：010-62776969，c-service@tup.tsinghua.edu.cn
　　　　质量反馈：010-62772015，zhiliang@tup.tsinghua.edu.cn

印 装 者：三河市君旺印务有限公司

经　　销：全国新华书店

开　　本：185mm×260mm　　　印　张：14　　　插　页：1　　　字　数：337千字

版　　次：2022年7月第1版　　　印　次：2022年7月第1次印刷

定　　价：79.00元

产品编号：091615-01

前言

网站作为新媒介，其最大的魅力在于可以真正实现动感和交互，在网页中添加 Animate 动画是进行网页设计的重要内容。Animate 具有强大的交互功能和人性化风格，吸引了越来越多的用户。Animate 是二维动画软件，其文件包括用于设计和编辑的 Animate 文档 (格式为 FLA)，以及用于播放的 Animate 文档 (格式为 SWF)。其生成的影片占用的存储空间较小，是大量应用于互联网网页的矢量动画文件格式。

本书内容

全书共 8 章，包括绘制海边风景——基本绘图工具，制作数字倒计时动画——导入素材文件，制作汽车行驶动画——帧与图层，制作匆匆那年片头动画——文本的编辑与应用，制作闪光文字——元件、库与实例，制作旅游宣传广告——补间与多场景动画的制作，制作美食网站切换动画——ActionScript 基本语句，课程设计。

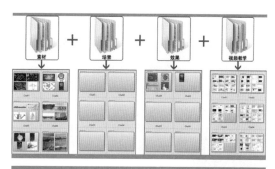

本书特色

本书面向 Animate 的初、中级用户，采用由浅入深、循序渐进的讲述方法，内容丰富。

本书知识体系完整，结合实例来讲解、分析功能，使功能和实例达到完美的融合，特别适合作为教材，是各类学校广大师生的首选教材。

本书视频教学贴近实际，几乎手把手教学。

海量的电子学习资源和素材

本书附带所有的素材文件、场景文件、效果文件、多媒体有声视频教学录像，读者在读完本书内容以后，可以调用这些资源进行深入的学习。

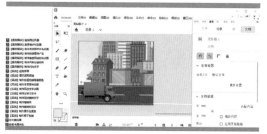

本书约定

为便于阅读理解，本书的写作风格遵从以下约定。

本书中出现的中文菜单和命令将用"【】"括起来，以示区分。此外，为了使语句更简洁易懂，书中所有的菜单和命令之间以竖线(|)分隔。例如，单击【编辑】菜单，再选择【复制】命令，就用【编辑】|【复制】来表示。

用加号(+)连接的两个或三个键表示组合键，在操作时表示同时按下这两个或三个键。例如，Ctrl+V是指在按下Ctrl键的同时，按下V字母键；Ctrl+Alt+T是指在按下Ctrl键和Alt键的同时，按键盘上的T键。

在没有特殊指定时，单击、双击和拖动是指用鼠标左键单击、双击和拖动，右击是指用鼠标右键单击。

读者对象

(1) Animate 初学者。

(2) 大、中专院校和社会培训班平面设计及相关专业的学生。

(3) 平面设计从业人员。

致谢

本书的出版可以说凝结了许多优秀教师的心血，在这里衷心感谢对本书的出版给予帮助的编辑老师、视频测试老师，感谢你们！

本书由苏晓光、闫文刚主编，同时感谢参与本书版式设计、校对、编排及大量图片的处理方面所做工作的老师。

由于时间仓促，错误在所难免，希望广大读者批评、指正。

编　者

教学效果　　　教学素材　　　教学场景　　　教学视频　　　索取课件

目录

第 01 章　绘制海边风景——基本绘图工具

第 02 章　制作数字倒计时动画——导入素材文件

第 03 章　制作汽车行驶动画——帧与图层

第04章 制作匆匆那年片头动画——文本的编辑与应用

第05章 制作闪光文字——元件、库与实例

第06章 制作旅游宣传广告——补间与多场景动画的制作

第 07 章　制作美食网站切换动画——ActionScript 基本语句

第 08 章　课程设计

附　录　常用快捷键

参 考 文 献

第 01 章
绘制海边风景——基本绘图工具

本章导读:

　　本章通过在 Animate 2020 软件中绘制简单的图形,详细介绍线条工具、铅笔工具、钢笔工具等工具的设置和使用方式,介绍怎样使用椭圆工具、矩形工具和多角星形工具绘制几何图形。

　　本章介绍编辑图形的常用方法,包括选择工具的使用,任意变形工具的使用,图形的组合和分离,图形对象的对齐与修饰等操作,缩放工具和手形工具等辅助工具的使用。

案例精讲
绘制海边风景

为了更好地完成本设计案例，现对制作要求及设计内容做如下规划，效果如图 1-1 所示。

作品名称	绘制海边风景
作品尺寸	748 像素 ×492 像素
设计创意	本例将介绍怎样绘制海边风景，通过钢笔工具、椭圆工具绘制风景，然后新建图层并对图层进行遮罩
主要元素	(1) 风景素材 (2) 沙滩 (3) 树 (4) 太阳 (5) 白色遮罩
应用软件	Adobe Animate 2020
素材	素材 \Cha01\ 风景素材 .fla
场景	场景 \Cha01\【案例精讲】绘制海边风景 .fla
视频	视频教学 \Cha01\【案例精讲】绘制海边风景 .mp4
海边风景效果欣赏	图 1-1

01 在菜单栏中选择【文件】|【新建】命令，弹出【新建文档】对话框，将【宽】、【高】分别设置为 748 像素、492 像素，将【平台类型】设置为 ActionScript 3.0，单击【创建】按钮，如图 1-2 所示。

02 在【属性】面板中将舞台的背景颜色设置为 #64DEFD，将"图层 _1"名称更改为"海边风景"，如图 1-3 所示。

图 1-2

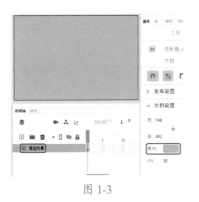

图 1-3

03 在工具栏中单击【矩形工具】按钮 ▣，再单击 ◉ 按钮，将对象绘制模式打开，将【填充颜色】设置为 #FFD17C，将【笔触颜色】设置为无，绘制宽、高分别为 748、205 的矩形，并调整其位置，如图 1-4 所示。

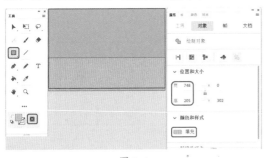

图 1-4

04 在工具栏中单击【椭圆工具】按钮 ◯，绘制一个椭圆，在【颜色】面板中将【填充颜色】的【颜色类型】设置为【径向渐变】，将左侧色标的颜色设置为 #FFEC95，将右侧

色标的颜色设置为 #FFEC95，将 A 设置为 0%，并适当调整色标的位置，将【笔触颜色】设置为无，如图 1-5 所示。

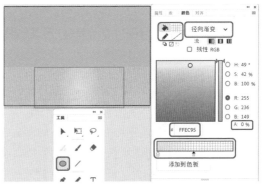

图 1-5

05 按 Ctrl+O 组合键，弹出【打开】对话框，选择"素材 \Cha01\ 风景素材 .fla"素材文件，单击【打开】按钮，如图 1-6 所示。

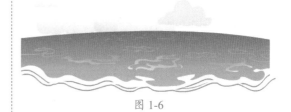

图 1-6

06 选择所有图形，按 Ctrl+C 组合键将其复制，按 Ctrl+Shift+V 组合键将其进行原位粘贴，使用钢笔工具与椭圆工具在舞台中绘制沙堆图形，分别设置其颜色，黄色为 #FFE98A，橙色为 #FF992B，选择绘制的沙堆图形，按 Ctrl+G 组合键，将对象成组，如图 1-7 所示。

图 1-7

07 在工具栏中单击【钢笔工具】按钮 ✐，在舞台中绘制图形，在【颜色】面板中将填充颜色的【颜色类型】设置为【径向渐变】，将左侧色标的颜色设置为#FFB600，将A设置为0%，将右侧色标的颜色设置为#FFA52A，将【笔触颜色】设置为无，如图1-8所示。

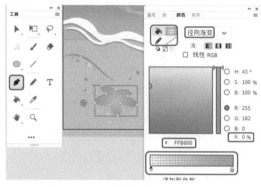

图 1-8

08 使用钢笔工具在舞台中绘制图形，将【填充颜色】设置为#FF7648，【笔触颜色】设置为无，如图1-9所示。

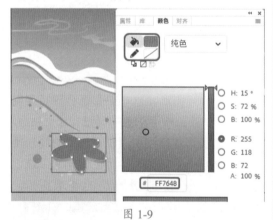

图 1-9

09 使用钢笔工具绘制图形，将【填充颜色】设置为#FF5239，将【笔触颜色】设置为无，如图1-10所示。

10 使用钢笔工具绘制图形，在【颜色】面板中将填充颜色的【颜色类型】设置为径向渐变，将左侧色标的颜色设置为#FEFE32，将【A】设置为30%，将右侧色标的颜色设置为#FEFE32，将【A】设置为10%，将【颜色】面板中的【笔触颜色】设置为无，如图1-11所示。

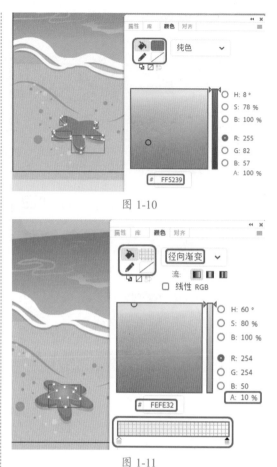

图 1-10

图 1-11

11 使用椭圆工具绘制多个椭圆，将【填充颜色】设置为#FFD11E，将【笔触颜色】设置为无，如图1-12所示。

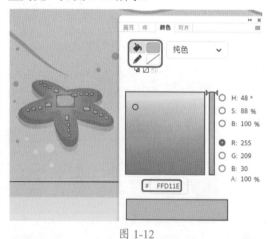

图 1-12

12 选择绘制的海星图形，按Ctrl+G组合键，将对象成组，使用同样的方法绘制其他图形，如图1-13所示。

图 1-13

13 使用同样的方法绘制树对象，并将【填充颜色】分别设置为 #51351D、#568C2E、#90BC37，绘制完成后将其成组，完成后的效果如图 1-14 所示。

图 1-14

14 使用钢笔工具绘制图形，将【填充颜色】设置为 #FBC02D，将【笔触颜色】设置为无，如图 1-15 所示。

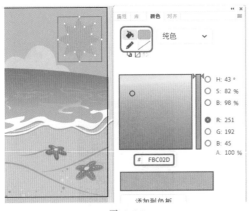

图 1-15

15 使用钢笔工具绘制图形，将【填充颜色】设置为 #FDD835，将【笔触颜色】设置为无，如图 1-16 所示。

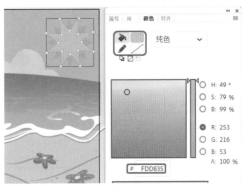

图 1-16

16 使用椭圆工具绘制圆形，在【属性】面板中将【宽】、【高】均设置为 82，将【填充颜色】设置为 #FFEE58，将【笔触颜色】设置为无，并调整其位置，如图 1-17 所示。

图 1-17

17 在【时间轴】面板中单击【新建图层】按钮 ⊞，新建"图层_2"，并将"图层_2"重命名为"白色矩形"，如图 1-18 所示。

图 1-18

18 单击工具栏中的【矩形工具】按钮 ▣，绘制一个矩形，将【填充颜色】设置为 #FFFFFF，将【笔触颜色】设置为无，打开【对齐】面板，勾选【与舞台对齐】复选框，单击【匹配宽和高】按钮 ▮▮▮、【水平中齐】按钮 ▮▮ 、【垂直中齐】按钮 ▮▮▮，如图 1-19 所示。

图 1-19

19 在图层上单击鼠标右键，在弹出的快捷菜单中选择【遮罩层】命令，如图 1-20 所示。

"白色矩形"图层即可将"海边风景"图层遮罩。

图 1-20

知识链接：保存文档

当工作做完时，需要及时保存文件，其方法如下。

方法一：在菜单栏中选择【文件】|【保存】命令，在【另存为】对话框中，设置文件的保存位置，在【文件名】文本框中输入文件名，单击【保存】按钮。

方法二：单击文件窗口右上角的【关闭】按钮时，系统会自动提示是否保存文件，单击【是】按钮，将会打开【另存为】对话框，设置文件的保存位置，单击【保存】按钮。

方法三：按 Ctrl+S 组合键即可保存当前文档。

如果文件之前已经保存，进行修改后不想进行覆盖，在菜单栏中选择【文件】|【另存为】命令，可以对文件进行另存操作，步骤与方法一相同，设置文件保存的位置，以及输入文件名，最后单击【保存】按钮。

1.1 Animate 2020 的启动与退出

本节将讲解 Animate 2020 的启动与退出，了解了软件的启动与退出操作后，在使用时可以节省时间。

■ 1.1.1 启动 Animate 2020

若要启动 Animate 2020，可执行以下操作之一。

(1) 选择【开始】|【程序】|Adobe Animate 2020 命令，即可启动 Animate 2020 软件，如图 1-21 所示。

(2) 在桌面上双击 Adobe Animate 2020 的快捷方式图标▮。

图 1-21

(3) 双击 Animate 2020 相关联的文档。

启动 Animate 2020 软件之后，首先打开 Animate 2020 的主界面，如图 1-22 所示。

图 1-22

提示：在 Adobe Animate 2020 命令上右击，在弹出的快捷菜单中选择【发送到】|【桌面快捷方式】命令，即可在桌面上创建 Animate 2020 的快捷方式，用户在启动 Animate 2020 时，只需双击桌面上的快捷方式图标即可。

一般情况下，用户都会选择新建一个空白的 ActionScript 3.0 文档，新建后的界面如图 1-23 所示。

图 1-23

■ 1.1.2　退出 Animate 2020

如果要退出 Animate 2020，可在菜单栏中选择【文件】|【退出】命令。

也可以单击程序窗口右上角的【关闭】按钮，如图 1-24 所示。另外，按 Alt+F4 组合键、Ctrl+Q 组合键等操作也可以退出 Animate 2020。

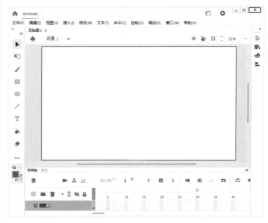

图 1-24

1.2　绘制生动的线条

线条是绘制图形时的常用元素，而生动的线条可以使画面更加精美，本节将要讲解如何绘制生动的线条。

■ 1.2.1　钢笔工具

【钢笔工具】 是许多绘图软件广泛使用的一种重要工具。Animate 引入这种工具之后，充分增强了 Animate 的绘图功能。

要绘制精确的路径，如直线或者平滑、流动的曲线，可以使用钢笔工具。用户可以创建直线或曲线段，然后调整直线段的角度和长度及曲线段的斜率。

钢笔工具可以像线条工具一样绘制出所需要的直线，甚至还可以对绘制好的直线进行曲率调整，使之变为相应的曲线。但钢笔工具并不能完全取代线条工具和铅笔工具，毕竟它在画直线和各种曲线的时候没有线条工具和铅笔工具方便。在画一些要求很高的曲线时，最好使用钢笔工具。

使用钢笔工具的具体操作步骤如下。

01 在工具栏中单击【钢笔工具】按钮 ✐，鼠标指针在舞台中会变为钢笔状态，如图 1-25 所示。

02 用户可以在【属性】面板中设置钢笔工具的属性参数，包括所绘制的曲线的颜色、粗细、样式等，如图 1-26 所示。

图 1-25   图 1-26

提示：单击工具栏中的【编辑工具栏】按钮 ●●●，在弹出的【拖放工具】面板中单击右上角的 ≡ 按钮，在弹出的下拉菜单中选择【重置】命令，如图 1-27 所示，拖动图标即可调整位置或将其拖回至【拖放工具】面板中。

图 1-27

03 设置好钢笔工具的属性参数后，就可以绘制曲线了。在舞台中单击，指定曲线的第一点，在需要指定的第二点位置处单击并拖动，即可在舞台中绘制出一条曲线。图 1-28 所示为使用钢笔工具绘制线条的过程，图 1-29 所示为绘制完曲线后的效果。

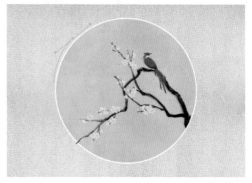

图 1-28

图 1-29

提示：在使用钢笔工具绘制曲线时，会出现许多控制点和曲率调节杆，通过它们可以方便地进行曲率调整，画出各种形状的曲线。也可以将鼠标指针放到某个控制点上，当出现"–"图标时，单击鼠标可以删除不必要的控制点，当所有控制点被删除后，曲线将变为一条直线。将鼠标指针放在曲线上没有控制点的地方会出现"＋"图标，单击鼠标可以增加新的控制点。

当使用钢笔工具绘画时，单击和拖动可以在曲线段上创建点。通过这些点可以

调整直线段和曲线段。可以将曲线转换为直线，反之亦然；也可以使用其他 Animate 2020 绘画工具，如铅笔、画笔、线条、椭圆或矩形工具在线条上创建点，以调整这些线条。

使用钢笔工具还可以对已有的图形轮廓进行修改。当用钢笔工具单击某个矢量图形的轮廓线时，轮廓的所有节点会自动出现，然后就可以进行调整了。可以调整直线段以更改线段的角度或长度，或者调整曲线段以更改曲线的斜率和方向。移动曲线点上的切线手柄可以调整该点两边的曲线。移动转角点上的切线手柄只能调整该点的切线手柄所在的那一边的曲线。

知识链接：钢笔工具的不同绘制状态

钢笔工具显示的不同指针反映其当前的绘制状态，下面分别进行介绍。

◎ 【初始锚点指针】✍*：选中钢笔工具后看到的第一个指针。指示下一次在舞台上单击鼠标时将创建初始锚点，它是新路径的开始（所有新路径都以初始锚点开始）。

◎ 【连续锚点指针】✍：指示下一次单击鼠标时将创建一个锚点，并用一条直线与前一个锚点相连接。

◎ 【添加锚点指针】✍+：指示下一次单击鼠标时将向现有路径添加一个锚点。若要添加锚点，必须选择路径，并且钢笔工具不能位于现有锚点的上方。根据其他锚点，重绘现有路径。一次只能添加一个锚点。

◎ 【删除锚点指针】✍-：指示下一次在现有路径上单击鼠标时将删除一个锚点。若要删除锚点，必须用选取工具选择路径，并且指针必须位于现有锚点的上方。根据删除的锚点，重绘现有路径。一次只能删除一个锚点。

◎ 【连续路径指针】✍₀：从现有锚点扩展新路径。若要激活此指针，鼠标指针必须位于路径上现有锚点的上方。仅在当前未绘制路径时，此指针才可用。锚点未必是路径的终端锚点；任何锚点都可以是连续路径的位置。

◎ 【闭合路径指针】✍₀：在正在绘制的路径的起始点处闭合路径。只能闭合当前正在绘制的路径，并且现有锚点必须是同一个路径的起始锚点。生成的路径没有任何指定的填充颜色应用于封闭形状；单独应用填充颜色。

◎ 【连接路径指针】✍₀：除了鼠标指针不能位于同一个路径的初始锚点上方外，与闭合路径工具基本相同。该指针必须位于唯一路径的任一端点上方。

◎ 【回缩贝塞尔手柄指针】✍ᵣ：当鼠标指针位于显示其贝塞尔手柄的锚点上方时显示。单击鼠标将回缩贝塞尔手柄，并使得穿过锚点的弯曲路径恢复为直线段。

🎬 【实战】绘制苹果

本例将介绍如何绘制苹果，主要利用钢笔工具绘制图形，然后在【属性】面板中对其进行相应的设置，绘制效果如图 1-30 所示。

图 1-30

素材	素材\Cha01\ 绘制苹果素材 01.jpg、绘制苹果素材 02.png
场景	场景 \Cha01\【实战】绘制苹果 .fla
视频	视频教学 \Cha01\【实战】绘制苹果 .mp4

01 按 Ctrl+N 组合键，弹出【新建文档】对话框，将【宽】、【高】分别设置为 898 像素、1000 像素，将【平台类型】设置为 ActionScript 3.0，单击【创建】按钮，按 Ctrl+R 组合键，弹出【导入】对话框，选择"素材 \Cha01\ 绘制苹果素材 01.jpg"素材文件，单击【打开】按钮，并调整素材位置，如图 1-31 所示。

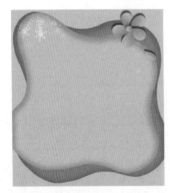

图 1-31

02 将"图层 _1"名称更改为"背景"，单击【新建图层】按钮 ⊞，新建"图层 _2"图层，并将其名称更改为"苹果"，如图 1-32 所示。

03 在工具栏中单击【钢笔工具】按钮 ✐，单击工具栏中的【对象绘制】按钮 ◙，如图 1-33 所示。

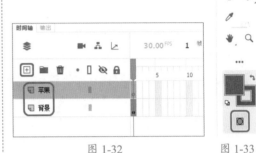

图 1-32　　　　　　图 1-33

04 在舞台中绘制苹果图形，在【颜色】面板中将【填充颜色】设置为 #EB2027，将【笔触颜色】设置为无，如图 1-34 所示。

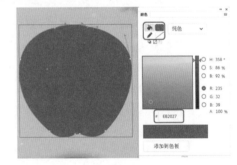

图 1-34

05 使用钢笔工具绘制图形，在【颜色】面板中将【填充颜色】设置为 #D61F26，将【笔触颜色】设置为无，如图 1-35 所示。

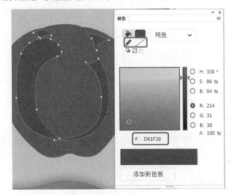

图 1-35

06 使用钢笔工具绘制图形，在【颜色】面板中将【填充颜色】设置为#D61F26，将【笔触颜色】设置为无，如图 1-36 所示。

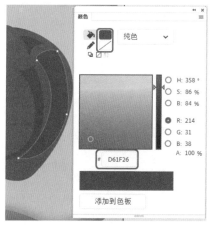

图 1-36

07 继续使用钢笔工具绘制其他图形对象，如图 1-37 所示。

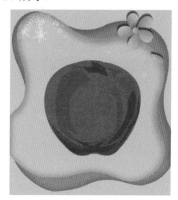

图 1-37

08 使用钢笔工具绘制图形，将【填充颜色】设置为白色，将【笔触颜色】设置为无，如图 1-38 所示。

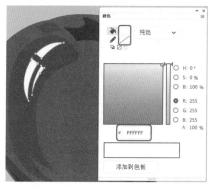

图 1-38

09 使用钢笔工具绘制图形，将【填充颜色】设置为#FDF5A9，将【笔触颜色】设置为无，如图 1-39 所示。

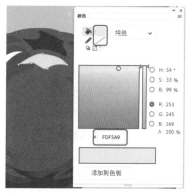

图 1-39

10 使用钢笔工具绘制其他图形，将【填充颜色】设置为#F9A622，将【笔触颜色】设置为无，如图 1-40 所示。

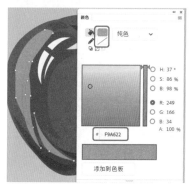

图 1-40

11 使用钢笔工具绘制其他图形，将【填充颜色】设置为#FDD318，将【笔触颜色】设置为无，如图 1-41 所示。

图 1-41

12 新建"苹果把"图层，在工具栏中选中钢笔工具，在【颜色】面板中将【填充颜色】设置为无，将【笔触颜色】设置为#865122，将【笔触大小】设置为3，如图1-42所示。

图 1-42

13 在舞台中绘制图形，如图1-43所示。

图 1-43

14 使用钢笔工具绘制图形，在【颜色】面板中将【填充颜色】设置为#A36847，将【笔触颜色】设置为无，如图1-44所示。

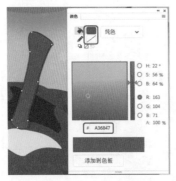

图 1-44

15 使用钢笔工具绘制图形，在【颜色】面板中将【填充颜色】设置为#FECA1B，将【笔触颜色】设置为无，如图1-45所示。

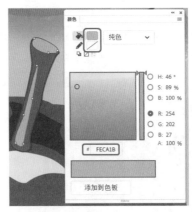

图 1-45

16 使用钢笔工具绘制图形，在【颜色】面板中将【填充颜色】设置为#865122，将【笔触颜色】设置为无，如图1-46所示。

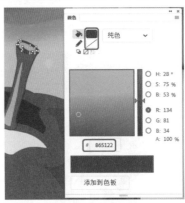

图 1-46

17 新建"叶子"图层，使用钢笔工具绘制图形，在【颜色】面板中将【填充颜色】设置为#008B46，将【笔触颜色】设置为无，如图1-47所示。

图 1-47

18 使用钢笔工具绘制图形，在【颜色】面板中将【填充颜色】设置为#3BB44C，将【笔触颜色】设置为无，如图1-48所示。

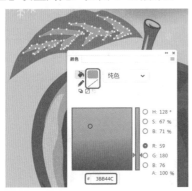

图 1-48

19 使用钢笔工具绘制图形，在【颜色】面板中将【填充颜色】设置为# 74BF47，将【笔触颜色】设置为无，如图1-49所示。

图 1-49

20 使用钢笔工具绘制其他叶子对象，效果如图1-50所示。

图 1-50

21 将"叶子"图层移动至"苹果把"图层的下方，如图1-51所示。

图 1-51

22 选择"苹果把"图层，使用钢笔工具绘制图形，在【颜色】面板中将【填充颜色】设置为#EB2027，将【笔触颜色】设置为无，如图1-52所示。

图 1-52

23 新建"文字"图层，如图1-53所示。

图 1-53

24 按 Ctrl+R 组合键，弹出【导入】对话框，选择"绘制苹果素材02.png"素材文件，单击【打开】按钮，将其调整至合适位置，如图1-54所示。

图 1-54

■ 1.2.2 线条工具

使用线条工具可以轻松绘制出平滑的直线。使用线条工具的操作步骤为：单击工具栏中的【线条工具】按钮∕，然后将鼠标指针移动到舞台，若发现指针变为十字形状，即可绘制直线。

在绘制直线前可以在【属性】面板中设置直线的属性，如直线的颜色、粗细和类型等，如图 1-55 所示。

图 1-55

线条工具的【属性】面板中各选项说明如下。

◎ 【笔触颜色】：单击色块即可打开如图 1-56 所示的调色板，调色板中有一些预先设置好的颜色，用户可以直接

选取某种颜色作为所绘线条的颜色，也可以通过上面的文本框输入线条颜色的十六进制 RGB 值，如 #00FF00。如果预设颜色不能满足用户需要，还可以通过单击右上角的【颜色】按钮 ◉，打开如图 1-57 所示的【颜色选择器】对话框，在该对话框中详细设置颜色值。

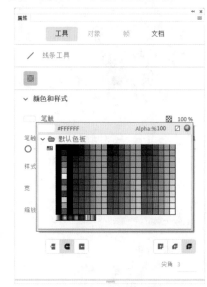

图 1-56

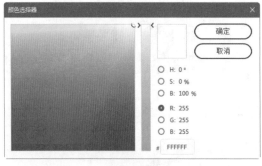

图 1-57

◎ 【笔触大小】：用来设置所绘线条的粗细，可以直接在文本框中输入参数设置笔触大小，范围为 0.1 ～ 200，也可以通过调节滑块来改变笔触的大小，Animate 2020 中的线条粗细是以像素为单位的。

◎ 【样式】：用来选择所绘的线条类型，Animate 2020 中预置了一些常用的线条类型，如实线、虚线、点状线、锯齿线

和斑马线等。可以单击右侧的【样式选项】按钮 …，在弹出的下拉菜单中选择【编辑笔触样式】命令，打开【笔触样式】对话框，在该对话框中设置笔触样式，如图 1-58 所示。

图 1-58

◎ 【宽】：可以在该下拉列表框中选择线条的宽度。

◎ 【缩放】：在播放器中保持笔触缩放，可以选择【一般】、【水平】、【垂直】或【无】选项。

◎ 【平头端点】、【圆头端点】、【矩形端点】：用于设置直线端点的三种状态。图 1-59 所示为绘制直线的效果，上方为圆头端点，下方为矩形端点。

图 1-59

◎ 【尖角连接】、【斜角连接】、【圆角连接】：用于设置两个线段的连接方式。

提示：在连接时，需要将绘制的两个相连接的线段进行合并才会显示相应的效果，例如绘制两条互为 90° 的直线，在菜单栏中选择【修改】|【合并对象】|【联合】命令，将两条直线进行合并，在【属性】面板中设置【接合】选项，即可发生变化，效果如图 1-60 所示，自左侧起分别为尖角、斜角、圆角效果。

图 1-60

根据需要设置好【属性】面板中的参数，便可以开始绘制直线了。将鼠标指针移至舞台中，单击鼠标左键并按住不放，然后沿着要绘制的直线方向拖动鼠标，在直线终点的位置释放鼠标左键，这样就会在舞台中绘制出一条直线。

提示：在绘制的过程中如果按住 Shift 键，可以绘制出垂直或水平的直线，或者 45° 斜线，这给绘制特殊直线提供了方便。按住 Ctrl 键可以暂时切换到选择工具，对舞台中的对象进行选取，当释放 Ctrl 键时，又会自动切换到线条工具。Shift 键和 Ctrl 键在绘图工具中经常会用到，它们被用作许多工具的辅助键。

1.2.3 铅笔工具

要绘制线条和形状，可以使用【铅笔工具】 ，它的使用方法和真实铅笔的使用方法大致相同。要在绘制时平滑或伸直线条，可以给铅笔工具选择一种绘制模式。铅笔工具和线条工具在使用方法上有许多相同点，但是也存在一定的区别，最明显的区别就是铅笔工具可以绘制出比较柔和的曲线。铅笔工具也可以绘制各种矢量线条，并且在绘制时更加灵活。选中工具栏中的铅笔工具后，单击工具栏选项设置区中的【铅笔模式】按钮，将弹出如图1-61所示的【铅笔模式】设置菜单，其中包括【伸直】、【平滑】和【墨水】3个选项。

图 1-61

◎ 【伸直】：这是铅笔工具中功能最强的一种模式，其具有很强的线条形状识别能力，可以对所绘线条进行自动校正，将画出的近似直线取直，平滑曲线，简化波浪线，自动识别椭圆形、矩形和半圆形等。它还可以绘制直线并将接近三角形、椭圆形、矩形和正方形的形状转换为这些常见的几何形状。

◎ 【平滑】：使用此模式绘制线条，可以自动平滑曲线，减少抖动造成的误差，从而明显地减少线条中的"碎片"，达到一种平滑的线条效果。

◎ 【墨水】：使用此模式绘制的线条就是绘制过程中鼠标所经过的实际轨迹，此模式可以最大限度地保持实际绘出的线条形状，而只做轻微的平滑处理。

伸直模式、平滑模式和墨水模式的效果如图1-62所示。

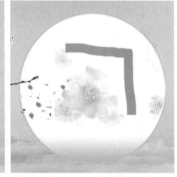

图 1-62

1.2.4 传统画笔工具

【传统画笔工具】是模拟软笔的绘画方式，但使用起来感觉更像是在用刷漆的刷子。它可以比较随意地绘制填充区域，而且具有书写体的效果。用户可以在画笔工具选项设置区选择画笔大小和形状。在大多数压敏绘图板上，可以通过改变笔上的压力来改变画笔笔触的宽度。

传统画笔工具是在影片中进行大面积上色时使用的。虽然利用颜料桶工具也可以给图形设置填充色，但是它只能给封闭的图形上色，而使用画笔工具可以给任意区域和图形填充颜色。它多用于对填充目标的填充精度要求不高的场合，使用起来非常灵活。

传统画笔工具的特点是画笔大小在更改舞台的缩放比率级别时也能保持不变，所以当舞台缩放比率降低时，同一个画笔大小就会显得过大。例如，用户将舞台缩放比率设置为100%，并使用传统画笔工具以最小的画笔大小涂色，然后将缩放比率更改为 50%，并用最小的画笔大小再画一次，此时绘制的新笔触就比以前的笔触显得粗 50%(更改舞台的缩放比率不会更改现有画笔笔触的粗细)。

使用传统画笔工具的具体操作步骤如下。

`01` 单击工具栏中的【传统画笔工具】按钮 ✎，鼠标指针将变成一个黑色的圆形画笔，这时即可在舞台中使用传统画笔工具绘制图像，如图 1-63 所示。

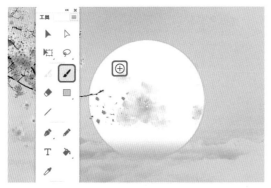

图 1-63

`02` 在使用传统画笔工具绘图之前，可以在【属性】面板中设置传统画笔工具的属性，如图 1-64 所示。

图 1-64

`03` 设置好属性后，即可像使用铅笔工具一

样使用传统画笔工具进行绘画，图 1-65 所示为使用传统画笔工具绘制的图形。

图 1-65

传统画笔工具还有一些附加的功能选项，当选中传统画笔工具时，【属性】面板中将出现传统画笔工具的附加功能选项，如图 1-66 所示。

图 1-66

选项设置区中的部分参数说明如下。

◎ 【画笔模式】✎：在【属性】面板中单击【画笔模式】按钮，将打开下拉菜单，如图 1-67 所示。

   ◇ 【标准绘画】：为笔刷的默认设置，使用传统画笔工具进行标准绘画，可以涂改舞台的任意区域，它会在同一图层的线条和图像上涂色。

图 1-67

◇ 【颜料填充】：画笔的笔触可以互相覆盖，但不会覆盖图形轮廓的笔迹，即涂改对象时不会对线条产生影响。

◇ 【后面绘画】：涂改时不会涂改对象本身，只涂改对象的背景，即在同层舞台的空白区域涂色，不影响线条和填充。

◇ 【颜料选择】：画笔的笔触只能在预先选择的区域内保留，涂改时只涂改选定的对象。

◇ 【内部绘画】：涂改时只涂改起始点所在封闭曲线的内部区域。如果起始点在空白区域，那么只能在这块空白区域内涂改；如果起始点在图形内部，则只能在图形内部进行涂改。

◎ 【锁定填充】：该选项是一个开关按钮。当使用渐变色作为填充色时，单击【锁定填充】按钮，可将上一笔触的颜色变化规律锁定，作为这一笔触对该区域的色彩变化规范。也可以锁定渐变色或位图填充，使填充看起来好像扩展到整个舞台，并且用该填充涂色的对象就好像是下面的渐变或位图的遮罩。

◎ 【画笔类型】：有 9 种笔头形状可供选择，如图 1-68 所示。

图 1-68

提示：如果在刷子上色的过程中按 Shift 键，可在舞台中给一个水平或者垂直的区域上色；如果按 Ctrl 键，则可以暂时切换到选择工具，对舞台中的对象进行选取。

■ 1.2.5　椭圆工具和基本椭圆工具

用【椭圆工具】绘制的图形是椭圆形或圆形图案，虽然钢笔工具和铅笔工具有时也能绘制出椭圆形，但在具体使用过程中，如要绘制椭圆形，直接利用椭圆工具可以大大提高绘图的效率。另外，用户不仅可以设置椭圆形的填充色，还可以设置轮廓线的颜色、线宽和线型。

单击工具栏中的【椭圆工具】按钮，将鼠标指针移至舞台，当指针变成十字形状时，即可在舞台中绘制椭圆形。如果不想使用默认的属性进行绘制，可以在如图 1-69 所示的【属性】面板中进行设置。

图 1-69

设置好所绘椭圆形的属性后,将鼠标指针移动到舞台中,按住鼠标左键不放,然后沿着要绘制的椭圆形方向拖动鼠标,在适当位置释放鼠标左键,即可在舞台中绘制出一个有填充色和轮廓的椭圆形。图 1-70 所示为椭圆形绘制完成后的效果。

图 1-70

> 提示:如果在绘制椭圆形的同时按住 Shift 键,则绘制出一个正圆;按 Ctrl 键可以暂时切换到选择工具,对舞台中的对象进行选取。

相对于椭圆工具来说,【基本椭圆工具】◉绘制的是更加易于控制的扇形对象。

用户可以在【属性】面板中更改基本椭圆工具的绘制属性,如图 1-71 所示。

除了与绘制线条时使用相同的属性外,利用如下更多的设置可以绘制出扇形图案。

◎ 【开始角度】:设置扇形的开始角度。

◎ 【结束角度】:设置扇形的结束角度。

◎ 【内径】:设置扇形内角的半径。

◎ 【闭合路径】:使绘制出的扇形为闭合扇形。

◎ 【重置】:恢复角度、半径的初始值。

图 1-71

使用基本椭圆工具绘制图形的方法与使用椭圆工具是相同的,但绘制出的图形有区别。使用基本椭圆工具绘制出的图形具有节点,通过选择工具拖动图形上的节点,可以绘制出多种形状,如图 1-72 所示。

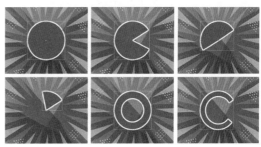

图 1-72

■ 1.2.6 矩形工具和基本矩形工具

顾名思义,【矩形工具】▢就是用来绘制矩形图形的。矩形工具有一个很明显的特点,它是从椭圆工具扩展而来的一种绘图工具,其用法与椭圆工具基本相同,利用它也可以绘制出带有一定圆角的矩形,而要使用其他工具则会非常麻烦。

在工具栏中单击【矩形工具】按钮▢,

当鼠标指针在舞台中变成十字形状时，即可在舞台中绘制矩形。用户可以在【属性】面板中设置矩形工具的绘制参数，包括所绘制矩形的轮廓色、填充色、矩形轮廓线的粗细和矩形的轮廓类型。图 1-73 所示为矩形工具的【属性】面板。

图 1-73

除了与绘制线条时使用相同的属性外，利用如下设置可以绘制出圆角矩形。

【尖角】：可以分别设置圆角矩形四个角的角度值，数值越小，绘制的矩形的四个角上的圆角弧度就越小，默认值为 0，即没有弧度，表示四个角为直角。也可以通过鼠标滚轮调整角度的大小。单击【矩形边角半径】按钮□可以直接设置四个角的参数，单击【单个矩形边角半径】按钮□可以分别设置圆角矩形四个角的参数。

设置好矩形工具的属性后，就可以开始绘制矩形了。将鼠标指针移动到舞台中，按住鼠标左键不放，然后沿着要绘制的矩形方向拖动鼠标，在适当位置释放鼠标左键，即可在舞台中绘制出一个矩形。图 1-74 所示为矩形绘制完成后的效果。

图 1-74

提示：如果在绘制矩形的同时按住 Shift 键，将绘制出一个正方形；按 Ctrl 键可以暂时切换到选择工具，对舞台中的对象进行选取。

单击工具栏中的【基本矩形工具】按钮□，当舞台中的鼠标指针变成十字形状时，即可在舞台中绘制矩形。用户可以在【属性】面板中修改默认的绘制属性，如图 1-75 所示。

图 1-75

设置好所绘矩形的属性后，就可以开始绘制矩形了。将鼠标指针移动到舞台中，在所绘矩形的大概位置按住鼠标左键不放，然后沿着要绘制的矩形方向拖动鼠标，在适当位置释放鼠标左键，完成上述操作后，舞台中就会自动绘制出一个有填充色和轮廓的矩形对象。使用选择工具可以拖动矩形对象上的节点，改变矩形对角外观使其成为不同形状的圆角矩形。

使用基本矩形工具绘制图形的方法与使用矩形工具相同，但绘制出的图形有区别。使用基本矩形工具绘制的图形上面有节点，通过选择工具拖动图形上的节点，可以改变矩形圆角的大小。使用基本矩形工具绘制的不同图形如图 1-76 所示。

图 1-76

■ 1.2.7 多角星形工具

【多角星形工具】 ◎ 用来绘制多边形或星形，根据选项设置中样式的不同，可以选择要绘制的是多边形还是星形。

单击工具栏中的【多角星形工具】按钮 ◎，当舞台中的鼠标指针变成十字形状时，即可在舞台中绘制多角星形。用户可以在【属性】面板中设置多角星形工具的参数，包括多角星形的轮廓色、填充色，以及轮廓线的粗细、类型，多角星形的样式、边数及星形顶点大小，如图 1-77 所示。

◎ 【样式】：可选择【多边形】或【星形】选项。

◎ 【边数】：用于设置多边形或星形的边数。

◎ 【星形顶点大小】：用于设置星形顶点的大小。

设置好所绘多角星形的属性后，就可以开始绘制多角星形了。将鼠标指针移动到舞台中，按住鼠标左键不放，沿着要绘制的多角星形方向拖动鼠标，在适当位置释放鼠标左键，即可在舞台中绘制出多角星形。图 1-78 所示为不同效果的多角星形。

图 1-77

图 1-78

1.3 选择工具的使用

选择对象是进行对象编辑和修改的前提条件，Animate 提供了丰富的对象选取方法。理解对象的概念及清楚各种对象在选中状态下的表现形式是很必要的。

■ 1.3.1 使用选择工具

在绘图操作过程中，选择对象的过程通常就是使用选择工具的过程。

1. 选择对象

在舞台中使用【选择工具】 ▶ 选择对象的方法如下。

01 单击图形对象的边缘部位，即可选中该对象的一条边，双击图形对象的边缘部位，即可选中该对象的所有边，如图 1-79 所示。

图 1-79

02 单击图形对象的面，则会选中对象的面；双击图形对象的面，则会同时选中该对象的面和边，如图 1-80 所示。

图 1-80

03 在舞台中通过拖曳鼠标的方法可以选取整个对象，如图 1-81 所示。

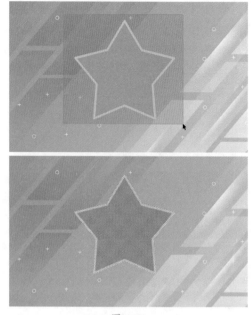

图 1-81

04 按住 Shift 键依次单击要选取的对象，可以同时选择多个对象；如果单击被选中的对象，则可以取消对该对象的选取，如图 1-82 所示。

图 1-82

2. 移动对象

使用【选择工具】▶也可以对图形对象进行移动操作，但是根据对象的不同属性，会有下面几种不同的情况。

01 双击鼠标选取图形对象的边后，拖动鼠标使对象的边和面分离，如图 1-83 所示。

图 1-83

02 使用鼠标单击边线外的面，拖动选取的面可以获得边线分割面的效果，如图 1-84 所示。

图 1-84

03 使用选择工具双击椭圆图像，将其拖至圆角矩形的上方，双击圆角矩形并进行移动，会发现覆盖的区域已经被删除，如图 1-85 所示。

图 1-85

04 在【属性】面板中单击【对象绘制模式】按钮 ，将其开启，随意绘制两个图形并将其叠加放置，移走覆盖的对象后，会发现下面对象被覆盖的部分不会被删除，如图 1-86 所示。

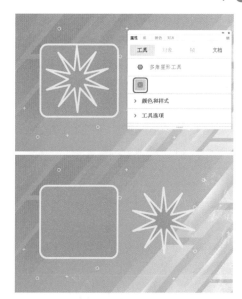

图 1-86

3. 变形对象

使用【选择工具】 除了可以选取对象外，还可以对图形对象进行变形操作。当鼠标处于选择工具的状态时，指针放在对象的不同位置，会有不同的变形操作方式。

01 当鼠标指针放在对象的边角上时，指针会变成 形状，这时单击并拖动鼠标，可以实现对象的边角变形操作，如图 1-87 所示。

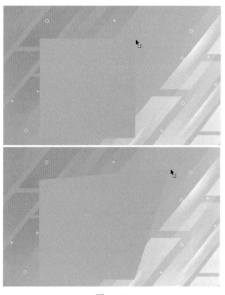

图 1-87

02 当鼠标指针放在对象的边线上时，指针会变成$\searrow$形状，这时单击并拖动鼠标，可以实现对象的边线变形操作，如图 1-88 所示。

图 1-88

■ 1.3.2 使用部分选取工具

【部分选取工具】▷不仅具有像选择工具那样的选择功能，而且可以对图形进行变形处理，被部分选取工具选择的对象轮廓线上会出现很多控制点，表示该对象已被选中。

01 使用部分选取工具单击图形的边缘部分，形状的路径和所有的锚点便会自动显示出来，如图 1-89 所示。

图 1-89

02 使用部分选取工具选择对象任意锚点后，拖动鼠标到任意位置即可完成对锚点的移动操作，如图 1-90 所示。

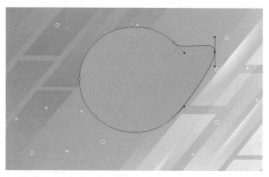

图 1-90

03 使用部分选取工具单击要编辑的锚点，这时该锚点的两侧会出现调节手柄，拖动手柄的一端可以实现对曲线的形状编辑操作，如图 1-91 所示。

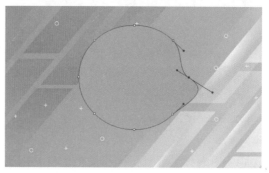

图 1-91

 提示：按住 Alt 键拖动手柄，可以只移动一边的手柄，而另一边手柄保持不动。

【实战】制作粽子包装

使用工具栏中的选择工具可以轻松地选取线条、填充区域和文本等对象，端午节海报的效果如图 1-92 所示。

素材	素材 \Cha01\ 粽子包装素材 .fla
场景	场景 \Cha01\【实战】制作粽子包装 .fla
视频	视频教学 \Cha01\【实战】制作粽子包装 .mp4

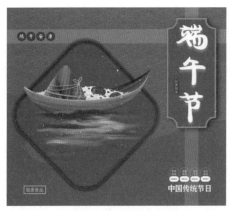

图 1-92

01 按 Ctrl+O 快捷组合键，在弹出的【打开】对话框中，选择素材\Cha01\【粽子包装素材.fla】素材文件，单击【打开】按钮，如图 1-93 所示。

图 1-93

02 在工具栏中单击【选择工具】按钮 ▶，选择"端"文本，如图 1-94 所示。

图 1-94

03 将文本移动至合适的位置，如图 1-95 所示。

图 1-95

04 继续使用选择工具，分别选择"午""节"文本，并调整文本的位置，如图 1-96 所示。

图 1-96

05 继续使用选择工具选择粽子对象，如图 1-97 所示。

图 1-97

06 调整粽子的位置，如图 1-98 所示。

图 1-98

1.4 任意变形工具的使用

使用任意变形命令，可以对图形对象进行自由变换操作，包括旋转、倾斜、缩放和翻转图形对象。当选择变形的对象后，使用工具栏中的任意变形工具，就可以设置对象的变形。

1.4.1 旋转和倾斜对象

下面介绍如何使用任意变形工具对对象进行旋转和倾斜。

01 在舞台中绘制一个矩形，并在工具栏中单击【任意变形工具】按钮，将矩形选中，此时矩形进入端点模式，如图 1-99 所示。

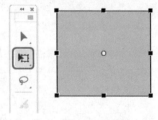

图 1-99

02 将鼠标指针放在边角的部位，此时鼠标指针会发生变化，如图 1-100 所示。

03 按住鼠标左键进行拖动，此时图形就会旋转，完成后的效果如图 1-101 所示。

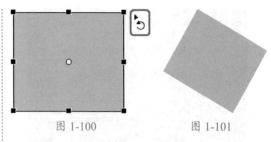

图 1-100　　　　　　　　图 1-101

04 将鼠标指向对象的边线部位，当鼠标指针的形状发生变化时，按下鼠标左键并拖动，进行水平或垂直移动，便可实现对对象的倾斜操作，如图 1-102 所示。

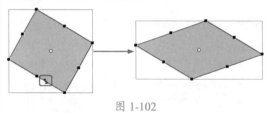

图 1-102

1.4.2 缩放对象

下面介绍如何使用任意变形工具缩放对象。

01 使用多角星形工具绘制五角星，并使用任意变形工具将其选中，如图 1-103 所示。

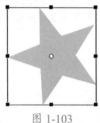

图 1-103

02 将鼠标指针移动到任意端点处，此时鼠标指针会变为双向箭头模式，按住鼠标左键进行拖动，此时图形就发生了变化，如图 1-104 所示。

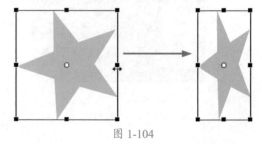

图 1-104

提示：按住 Shift 键进行拖动，可以对图形进行等比缩放。

■ 1.4.3　扭曲对象

通过扭曲变形功能可以用鼠标直接编辑图形对象的锚点，从而实现多种特别的图像变形效果。

01 使用多角星形工具绘制五角星，并使用任意变形工具将其选中，在工具栏中单击【扭曲】按钮，如图 1-105 所示。

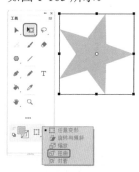

图 1-105

02 将鼠标指针移动到顶点，按住鼠标左键进行拖动，此时图形就被扭曲变形了，如图 1-106 所示。

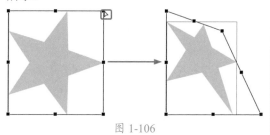

图 1-106

■ 1.4.4　封套变形对象

使用封套变形功能可以编辑对象边框周围的切线手柄，通过对切线手柄的调节实现更复杂的对象变形效果。

01 使用多角星形工具绘制五边形，并使用任意变形工具将其选中，在工具栏中单击【封套】按钮，如图 1-107 所示。

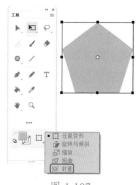

图 1-107

02 按住鼠标左键并拖动对象边角锚点的切线手柄，则只在单一方向上进行变形调整，如图 1-108 所示。

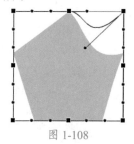

图 1-108

03 按住 Alt 键的同时按住鼠标左键拖动中间锚点的切线手柄，则可以只对该锚点的一个方向进行变形调整，如图 1-109 所示。

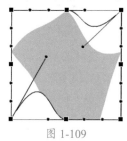

图 1-109

1.5　图形的其他操作

除了对图形进行选择和变形操作外，还可以对图形进行组合、分离、对齐、修饰等操作。

■ 1.5.1　组合对象和分离对象

当绘制出多个对象后，为了防止它们之

间的相对位置发生改变，可以将它们"绑"在一起，这时就需要用到组合。下面介绍如何组合对象和分离对象。

`01` 在舞台中绘制出多个图形，此时所有图形处于分离状态，如图 1-110 所示。

图 1-110

`02` 选择所有图形,在菜单栏中选择【修改】|【组合】命令或按 Ctrl+G 组合键，此时图形处于组合状态，如图 1-111 所示。

图 1-111

`03` 如果需要将组合的对象分离，可以在菜单栏中选择【修改】|【取消组合】命令或按 Ctrl+Shift+G 组合键，如图 1-112 所示。

图 1-112

`04` 此时图形就被分离了，可以单独移动，如图 1-113 所示。

图 1-113

1.5.2 对象的对齐

在制作动画时，若需要将舞台中的对象对齐，可以使用【对齐】面板。下面介绍如何使对象对齐。

`01` 按 Ctrl+O 组合键，打开"素材 \Cha01\ 对象的对齐素材 .fla"素材文件，如图 1-114 所示。

图 1-114

`02` 在菜单栏中选择【窗口】|【对齐】命令，打开【对齐】面板，如图 1-115 所示。

图 1-115

03 在工具栏中单击【选择工具】按钮 ▶，选中如图 1-116 所示的对象。

图 1-116

04 取消勾选【与舞台对齐】复选框，在【对齐】面板中单击【水平中齐】按钮 ╪，此时图形就发生了变化，如图 1-117 所示。

图 1-117

> 提示：有时需要将图形放到整个舞台的边缘或中央，可以勾选【与舞台对齐】复选框。

■ 1.5.3　修饰图形

Animate 提供了几种修饰图形的方法，包括将线条转换为填充、扩展填充、优化曲线及柔化填充边缘等。

1. 将线条转化为填充

01 在工具栏中单击【线条工具】按钮 ╱，打开【属性】面板，将【笔触大小】设置为 30，如图 1-118 所示。

图 1-118

02 设置完成后，在舞台中绘制图形，如图 1-119 所示。

图 1-119

03 选择所有的图形，在菜单栏中选择【修改】【形状】|【将线条转换为填充】命令，如图 1-120 所示。

图 1-120

04 在工具栏中将【填充颜色】设置为其他

颜色，此时上一步绘制的线条颜色将会更改为设置的颜色，如图 1-121 所示。

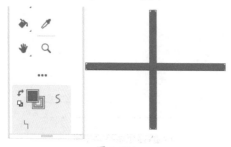

图 1-121

2. 扩展填充

通过扩展填充，可以扩展填充形状。使用选择工具选择一个图形，在菜单栏中选择【修改】|【形状】|【扩展填充】命令，即可弹出【扩展填充】对话框，如图 1-122 所示。

图 1-122

◎ 【距离】：用于指定扩展、插入的尺寸。

◎ 【方向】：如果希望扩充形状，选中【扩展】单选按钮；如果希望缩小形状，选中【插入】单选按钮。

3. 优化曲线

优化曲线就是通过减少用于定义这些元素的曲线数量来改进曲线和填充轮廓，这能够减小 Animate 文件。使用优化曲线的操作步骤如下。

01 打开"素材\Cha01\优化曲线素材.fla"素材文件，如图 1-123 所示。

02 打开素材文件后，选择所有对象，在菜单栏中选择【修改】|【形状】|【优化】命令，如图 1-124 所示。

图 1-123

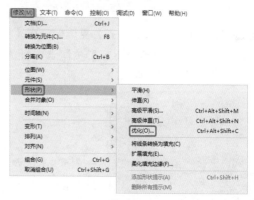

图 1-124

03 在弹出的【优化曲线】对话框中将【优化强度】设置为 20，设置完成后，单击【确定】按钮，如图 1-125 所示。

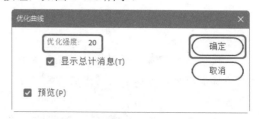

图 1-125

04 弹出 Adobe Animate 对话框，单击【确定】按钮，如图 1-126 所示，即可优化曲线。

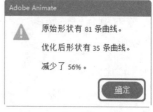

图 1-126

4.柔化填充边缘

在绘图时，有时会遇到颜色对比非常强烈的情况，绘制的实体边界太过分明，影响了整个画面的效果。如果柔化一下实体的边界，那么看起来效果就好多了。Animate 提供了柔化填充边缘的功能。

具体的操作步骤为：使用选择工具选择一个形状，然后选择【修改】|【形状】|【柔化填充边缘】命令，打开如图 1-127 所示的【柔化填充边缘】对话框。

◎ 【距离】：用于指定扩展、插入的尺寸。

◎ 【步长数】：步长数越大，形状边界的

过渡越平滑，柔化效果越好。但是，这样会导致文件过大及减慢绘图速度。

图 1-127

◎ 【方向】：如果希望向外柔化形状，就选中【扩展】单选按钮；如果希望向内柔化形状，则选中【插入】单选按钮。

课后项目练习
绘制卡通木板

木板就是采用完整的木材制成的木板材。这些板材坚固耐用、纹路自然。木板一般按照板材实际名称分类，没有统一的标准规格。在卡通插画设计中，木板卡通效果尤为常见，其效果如图 1-128 所示。

课后项目练习效果展示

图 1-128

课后项目练习过程概要

01 置入"木板背景 .jpg"素材文件，使用钢笔工具绘制木板。

02 使用传统画笔工具绘制雪与木板花纹，继续使用钢笔工具绘制木板阴影与木板桩。

03 使用文本工具输入文字。

素材	素材 \Cha01\ 木板背景 .jpg
场景	场景 \Cha01\ 绘制卡通背景 .fla
视频	视频教学 \Cha01\ 绘制卡通木板 .mp4

01 启动软件，按 Ctrl+N 组合键，弹出【新建文档】对话框，将【宽】、【高】分别设置为 800 像素、900 像素，将【平台类型】设置为 ActionScript 3.0，单击【创建】按钮。按 Ctrl+R 组合键，弹出【导入】对话框，选择"素材 \Cha01\ 木板背景 .jpg"素材文件，单击【打开】按钮。选择导入的素材文件，打开【对齐】面板，勾选【与舞台对齐】复选框，单击【匹配宽和高】按钮 ▦、【水平中齐】按钮 ▯、【垂直中齐】按钮 ▯，如图 1-129 所示。

02 在【时间轴】面板中单击【新建图层】按钮 ，新建图层 _2，在工具栏中单击【钢笔工具】按钮，单击【对象绘制】按钮，将其开启，在舞台中绘制图形，选中绘制的图形，在【属性】面板中将【填充颜色】设置为#ECD184，将【笔触颜色】设置为#6E2A1B，如图1-130所示。

图 1-129

图 1-130

03 继续使用钢笔工具绘制图形，在【颜色】面板中将【填充颜色】设置为#ECD184，效果如图1-131所示。

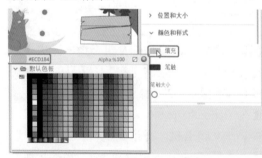

图 1-131

04 继续使用钢笔工具在舞台中绘制一个图形，并调整其位置，效果如图1-132所示。

05 在【时间轴】面板中单击【新建图层】按钮，新建"图层_3"。在工具栏中单击【传统画

笔工具】按钮 ✐，在【属性】面板中将【填充颜色】设置为#CCA163，将【填充】设置为84%，将【画笔类型】设置为第三种，将【大小】设置为1，将【平滑】设置为100，如图1-133所示。

图 1-132

图 1-133

> 提示：传统画笔工具无法设置笔触颜色，只能通过设置填充颜色来控制画笔工具的颜色。

06 设置完成后，在新建的图层上进行绘制，绘制后的效果如图1-134所示。

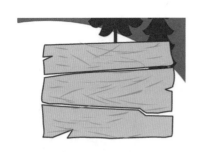

图 1-134

使用钢笔工具在舞台中绘制一个图形。选中绘制的图形，在【属性】面板中将【填充颜色】设置为 #732F20，将【笔触颜色】设置为 #CCA163，将【填充】设置为 100%，将【笔触大小】设置为 0.1，如图 1-138 所示。

07 继续选择传统画笔工具，在【颜色】面板中将【填充颜色】设置为 #FFFFFF，将【填充】设置为 100%，将【大小】设置为 5，并进行绘制，如图 1-135 所示。

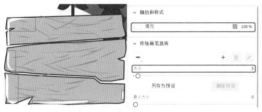

图 1-135

08 在【颜色】面板中将【填充颜色】设置为 #732F20，将【大小】设置为 1，并绘制图形，如图 1-136 所示。

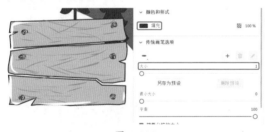

图 1-136

09 在【时间轴】面板中单击【新建图层】按钮，新建"图层_4"，在工具栏中单击【钢笔工具】按钮，在舞台中绘制一个图形，调整其位置，选中绘制的图形，在【属性】面板中将【填充颜色】设置为 #C6985E，将【Alpha】设置为 84%，将【笔触颜色】设置为无，在【时间轴】面板中将"图层_4"向下移一层，如图 1-137 所示。

10 在【时间轴】面板中选中最上方的图层，单击【新建图层】按钮，新建"图层_5"，

图 1-137

图 1-138

11 使用传统画笔工具在绘制的图形上进行绘制，将【填充颜色】设置为 #CCA163，绘制后的效果如图 1-139 所示。

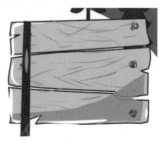

图 1-139

12 在【时间轴】面板中选择新建的图层，右击鼠标，在弹出的快捷菜单中选择【复制图层】命令，如图 1-140 所示。

图 1-140

13 选择复制的图层中的对象，在舞台中调整其位置，效果如图 1-141 所示。

图 1-141

14 在【时间轴】面板中选择"图层_5""图层_5复制"两个图层，并调整至"图层_2"的下方，选中"图层_1"，单击【新建图层】按钮，新建"图层_6"。使用钢笔工具在舞台中绘制两个图形，选中绘制的图形，在【属性】面板中将【填充颜色】设置为#A68881，将【笔触颜色】设置为无，将【填充】设置为44%，如图 1-142 所示。

图 1-142

15 在【时间轴】面板中选择最上方的图层，单击【新建图层】按钮，新建"图层_7"，在工具栏中单击【文本工具】按钮 T，在舞台中单击鼠标，输入文字，如图 1-143 所示。

图 1-143

16 选中输入的文字，在【属性】面板中将【系列】设置为【方正黄草简体】，将【大小】设置为45pt，将【颜色】设置为#990000，将【填充】设置为100%，并在舞台中调整其位置。在【滤镜】选项组中单击【添加滤镜】按钮 +，在弹出的下拉菜单中选择【投影】命令，将【模糊 X】、【模糊 Y】都设置为2，将【强度】设置为65%，将【品质】设置为【高】，将【角度】设置为45°，将【距离】设置为3，如图 1-144 所示。

图 1-144

第 02 章
制作数字倒计时动画——导入素材文件

本章导读：

    Animate 软件的各项功能都很完善，但是本身无法产生一些素材文件，本章将介绍怎样导入图像文件，并对导入的位图进行压缩和转换；介绍导入视频文件和音频文件的方式，以及对音频文件进行编辑和压缩的方法。

【案例精讲】
制作数字倒计时动画

为了更好地完成本设计案例，现对制作要求及设计内容做以下规划，效果如图 2-1 所示。

作品名称	制作数字倒计时动画
作品尺寸	1000 像素 ×592 像素
设计创意	本案例介绍数字倒计时动画的制作，主要用到了关键帧的编辑，通过在不同的帧上设置不同的数字，最终得到倒计时动画效果
主要元素	(1) 倒计时背景 (2) 倒计时数字
应用软件	Adobe Animate 2020
素材	素材 \Cha02\ 倒计时背景 .jpg
场景	场景 \Cha02\【案例精讲】数字倒计时动画 .jpg
视频	视频教学 \Cha02\【案例精讲】数字倒计时动画 .mp4
数字倒计时 动画效果欣赏	图 2-1

01 启动 Animate 2020 软件，按 Ctrl+N 组合键，弹出【新建文档】对话框，将【宽】设置为 1000 像素，将【高】设置为 592 像素，将【帧速率】设置为 1.00，将【平台类型】设置为 ActionScript 3.0，如图 2-2 所示，单击【创建】按钮。

02 按 Ctrl+R 组合键，弹出【导入】对话框，选择"素材 \Cha02\ 倒计时背景 .jpg"素材文件，单击【打开】按钮。在【属性】面板中单击【对象】按钮。将【位置和大小】选项组下的 X、Y 均设置为 0，如图 2-3 所示。

图 2-2

图 2-3

03 在【时间轴】面板中选择"图层_1"的第 6 帧，单击鼠标右键，在弹出的快捷菜单中选择【插入帧】命令，如图 2-4 所示。

图 2-4

04 在【时间轴】面板中将"图层_1"重名为"背景"并将其锁定，然后单击【时间轴】面板下方的【新建图层】按钮 ⊞，新建一个图层并将其命名为"数字"。确认新建的"数字"图层

处于选中状态，选择第 1 帧，如图 2-5 所示。

图 2-5

05 单击工具栏中的【文本工具】按钮 T，在舞台中单击并输入文本 5。确定输入的文本处于选中状态，打开【属性】面板，在【字符】选项组下将【字体】设置为【方正大黑简体】，【大小】设置为 280pt，【填充】设置为 #3366CC，将【位置和大小】选项组下的 X 设置为 410.6，Y 设置为 83.6，如图 2-6 所示。

图 2-6

06 在舞台中选择文本 5，在【属性】面板中打开【滤镜】选项组，单击【添加滤镜】按钮 +，在弹出的下拉菜单中选择【投影】命令，如图 2-7 所示。

图 2-7

07 在【投影】选项组下将【模糊 X】和【模糊 Y】均设置为 20 像素，将【阴影】设置为 #3366CC，如图 2-8 所示。

图 2-8

08 在【时间轴】面板中选择"数字"图层的第 2 帧，单击鼠标右键，在弹出的快捷菜单中选择【插入关键帧】命令，为第 2 帧添加关键帧，如图 2-9 所示。

图 2-9

09 单击工具栏中的【选择工具】按钮 ▶，在舞台中双击文本 5，使其处于编辑状态，然后将 5 改为 4，如图 2-10 所示。

图 2-10

10 使用相同的方法，在其他帧处插入关键帧并更改文本数字，如图 2-11 所示，最后保存场景文件。

图 2-11

2.1 导入位图图像文件

Animate 可以识别各种矢量图格式和位图格式，并且导入的图像文件会自动加入当前编辑的文档中，Animate 可以导入多种文件类型，极大地拓宽了 Animate 素材的来源。

2.1.1 导入位图

在 Animate 中可以导入位图图像，操作步骤如下。

01 在菜单栏中选择【文件】|【导入】|【导入到舞台】命令，打开【导入】对话框，如图 2-12 所示。

图 2-12

02 在【导入】对话框中，选择需要导入的文件，然后单击【打开】按钮，即可将图像导入场景中。

如果导入的是图像序列中的某一个文件，则 Animate 会自动将其识别为图像序列，并弹出提示对话框，如图 2-13 所示。

图 2-13

如果将一个图像序列导入 Animate 中，那么在场景中显示的只是选中的图像，其他图像则不会显示。如果要使用序列中的其他图像，可以在菜单栏中选择【窗口】|【库】命令，打开【库】面板，在其中选择需要的图像，如图 2-14 所示。

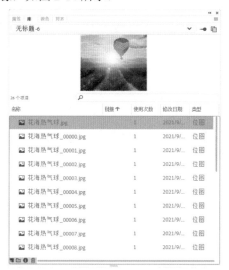

图 2-14

■ 2.1.2 压缩位图

Animate 虽然可以很方便地导入图像素材，但是有一个重要的问题经常会被使用者忽略，就是导入图像的容量大小。大多数人认为导入的图像容量会随着图片在舞台中缩小尺寸而减少，其实这是错误的想法，导入图像的容量和缩放的比例毫无关系。如果要

减少导入图像的容量就必须对图像进行压缩，操作如下。

01 在【库】面板中找到导入的图像素材，在该图像上单击鼠标右键，在弹出的快捷菜单中选择【属性】命令，弹出【位图属性】对话框，如图 2-15 所示。

图 2-15

02 选中【允许平滑】复选框，可以消除图像的锯齿，从而平滑位图的边缘。

03 在【品质】选项组中选中【自定义】单选按钮，然后在文本框中输入品质数值，最大可设置为100。设置的数值越大，得到的图形的显示效果就越好，而文件占用的空间也会相应增大。

04 单击【测试】按钮，可查看当前设置的图片品质，原始文件及压缩后文件的大小，图像的压缩比率。

> 提示：对于具有复杂颜色或色调变化的图像，如具有渐变填充的照片或图像，建议使用【照片 (JPEG)】压缩方式。对于具有简单形状和颜色较少的图像，建议使用【无损 (PNG/GIF)】压缩方式。

■ 2.1.3 转换位图

在 Animate 中可以将位图转换为矢量图，Animate 矢量化位图的方法是首先预审组成位图的像素，将近似的颜色划在一个区域，然后在这些颜色区域的基础上建立矢量图，但

是用户只能对没有分离的位图进行转换。尤其是对色彩少、没有色彩层次感的位图，即非照片的图像运用转换功能，会得到较好的效果。如果对照片进行转换，不但会增加计算机的负担，而且得到的矢量图比原图还大，结果会得不偿失。

将位图转换为矢量图的操作如下。

01 在菜单栏中选择【文件】|【导入】|【导入到舞台】命令，打开【导入】对话框，选择一幅位图图像，将其导入场景中。

02 在菜单栏中选择【修改】|【位图】|【转换位图为矢量图】命令，弹出【转换位图为矢量图】对话框，如图 2-16 所示。

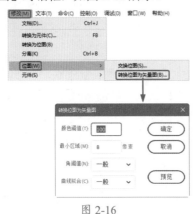

图 2-16

【转换位图为矢量图】对话框中的各项参数功能如下。

◎ 【颜色阈值】：设置位图中每个像素的颜色与其他像素的颜色在多大程度上的不同可以被当作是不同的颜色。范围是 1 ～ 500 的整数，数值越大，创建的矢量图就越小，但与原图的差别也越大；数值越小，颜色转换越多，与原图的差别越小。

◎ 【最小区域】：设定以多少像素为单位来转换成一种色彩。数值越小，转换后的色彩与原图越接近，但是会浪费较多的时间，其范围为 1 ～ 1000。

◎ 【角阈值】：设定转换成矢量图后，曲线的弯度要达到多大才能转化为拐点。

◎ 【曲线拟合】：设定转换成矢量图后曲线的平滑程度，包括【像素】、【非常紧密】、【紧密】、【一般】、【平滑】和【非常平滑】等选项。

03 设置完成后，单击【预览】按钮，可以先预览转换的效果，单击【确定】按钮即可将位图转换为矢量图。在图 2-17 中，左侧图为位图，右侧图为转换后的矢量图。

图 2-17

提示：并不是所有的位图转换成矢量图后都能减小文件。将图像转换成矢量图后，有时会发现转换后的文件比原文件还要大，这是由于在转换过程中，要产生较多的矢量图来匹配。

2.2 导入其他图像格式的文件

Animate 除了可以导入位图图像外，还可以导入其他格式图像，本节将要讲解如何导入其他格式图像。

2.2.1 导入 AI 文件

Animate 可以导入和导出 Illustrator 软件生成的 AI 格式文件。当 AI 格式的文件导入 Animate 中后，可以像其他 Animate 对象一样进行处理。

导入 AI 格式文件的操作方法如下。

01 新建文档，按 Ctrl+R 组合键，弹出【导入】对话框，选择"素材 \Cha02\ 导入 AI 文件 .ai"素材文件。

02 单击【打开】按钮，弹出【将"导入 AI 文件 .ai"导入到舞台】对话框，如图 2-18 所示。

图 2-18

图 2-18 所示的对话框中各项设置如下。

◎ 【图层转换】：可以选中【保持可编辑路径和效果】单选按钮或【单个平面化位图】单选按钮，选中【单个平面化位图】单选按钮可以导入单一的位图图像。

◎ 【文本转换】：选中【可编辑文本】单选按钮，可以对图层中的文本保留编辑效果，选中【矢量轮廓】单选按钮可以将图层中的文本转换为矢量轮廓，选中【平面化位图图像】单选按钮可将所有图层导入为单一的位图图像。

◎ 【将图层转换为】：选中【Animate 图层】单选按钮，会将 Illustrator 文件中的每个层都转换为 Animate 文件中的一个层。选中【关键帧】单选按钮，会将 Illustrator 文件中的每个层都转换为 Animate 文件中的一个关键帧。选中【单一 Animate 图层】单选按钮，会将 Illustrator 文件中的所有层都转换为 Animate 文件中的单个平面化的层。

03 设置完后，单击【导入】按钮，即可将

AI 格式文件导入 Animate 中，导入完成后的效果如图 2-19 所示。

图 2-19

■ 2.2.2 导入 PSD 文件

Photoshop 产生的 PSD 文件，也可以导入 Animate 中，并可以像其他 Animate 对象一样进行处理。

导入 PSD 格式文件的操作方法如下。

01 新建文档，按 Ctrl+R 组合键，弹出【导入】对话框，选择"素材\Cha02\ 导入 PSD 文件 .psd"素材文件。

02 单击【打开】按钮，弹出【将"导入 PSD 文件 .psd"导入到舞台】对话框，如图 2-20 所示。

图 2-20

图 2-20 所示对话框中的一些参数选项介绍如下。

◎ 【将图层转换为】：选择【Animate 图层】选项会将 Photoshop 文件中的每个层都转换为 Animate 文件中的一个层。选择【关键帧】选项会将 Photoshop 文件中的每个层都转换为 Animate 文件中的一个关键帧。

◎ 【导入为单个位图图像】：可将所有图层显示在一个位图上。

◎ 【将对象置于原始位置】：在 Photoshop 文件中的原始位置放置导入的对象。

◎ 【将舞台大小设置为与 Photoshop 画布同样大小】：导入后，将舞台尺寸和 Photoshop 的画布设置成相同的大小。

03 设置完成后，单击【导入】按钮，即可将 PSD 文件导入 Animate 中，导入后的效果如图 2-21 所示。

图 2-21

■ 2.2.3　导入 PNG 文件

Fireworks 软件生成的 PNG 格式文件可以作为平面化图像或可编辑对象导入 Animate 中。将 PNG 文件作为平面化图像导入时，整个文件 (包括所有矢量图) 会进行栅格化，或转换为位图图像。将 PNG 文件作为可编辑对象导入时，该文件中的矢量图会保留矢量格式。将 PNG 文件作为可编辑对象导入时，可以选择保留 PNG 文件中存在的位图、文本和辅助线。

如果将 PNG 文件作为平面化图像导入，则可以从 Animate 中启动 Fireworks，并编辑原始的 PNG 文件 (具有矢量数据)。 当成批导入多个 PNG 文件时，只需进行一次导入设置，Animate 便对一批中的所有文件使用同样的设置。可以在 Animate 中编辑位图图像，方法是将位图图像转换为矢量图或将位图图像分离。

导入 Fireworks PNG 文件的操作步骤如下。

01 新建文档，按 Ctrl+R 组合键，弹出【导入】对话框后，选择"素材 \Cha02\ 导入 PNG 文件 .png"素材文件。

02 单击【打开】按钮，即可将 Fireworks PNG 文件导入 Animate 中，导入后的效果如图 2-22 所示。

图 2-22

2.3　导入视频文件

Animate 支持动态影像的导入功能，根据导入视频文件的格式和方法不同，可以将含有视频的影片发布为 Animate 影片格式 (SWF 文件) 或者 QuickTime 影片格式 (MOV 文件)。

Animate 可以导入多种格式的视频文件，举例如下。

QuickTime 影片文件：扩展名为 .mov。

Windows 视频文件：扩展名为 .avi。

MPEG 影片文件：扩展名为 .mpg、.mpeg。

数字视频文件：扩展名为 .dv、.dvi。

Windows Media 文件：扩展名为 .asf、.wmv。

Animate 视频文件：扩展名为 .flv。

2.4 导入多种音频文件

Animate 除了可以导入视频文件外，还可以导入多种音频文件，使动画效果更加丰富。本节将讲解如何导入音频文件。

■ 2.4.1 导入音频文件

除了可以导入视频文件外，还可以单独为 Animate 影片导入各种声音效果，使 Animate 动画效果更加丰富。Animate 提供了多种声音文件的使用方法。例如，让声音文件独立于时间轴单独播放，或者声音与动画同步播放；让声音播放的时候产生渐出渐入的效果；让声音配合按钮的交互性操作播放等。

Animate 中的声音类型分为两种，分别是事件声音和音频流。它们之间的不同之处在于，事件声音必须完全下载后才能播放，事件声音在播放时除非强制其静止，否则会一直连续播放；而音频流的播放则与 Animate 动画息息相关，它是随动画的播放而播放，随动画的停止而停止，即只要下载足够的数据就可以播放，而不必等待数据全部读取完毕，可以做到实时播放。

由于有时导入的声音文件容量很大，会

对最后 Animate 影片的播放有很大的影响，因此 Animate 还专门提供了音频压缩功能，有效地控制了最后导出的 SWF 文件中的声音品质和容量大小。

要在 Animate 中导入声音，其操作步骤如下。

01 在菜单栏中选择【插入】|【时间轴】|【图层】命令，如图 2-23 所示，为音频文件创建一个独立的图层。若要同时播放多个音频文件，也可以创建多个图层。

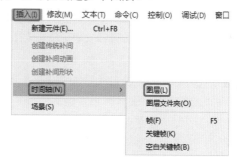

图 2-23

> 提示：直接在【时间轴】面板中单击【新建图层】按钮田，即可新建图层。

02 选择【文件】|【导入】|【导入到舞台】命令，弹出【导入】对话框，如图 2-24 所示。

图 2-24

提示：在菜单栏中选择【文件】|【导入】|【导入到库】命令，可以直接将音频文件导入影片的库中。音频文件被加到用户的【库】面板后，最初并不会显示在【时间轴】面板上，还需要对插入音频的帧进行设置。用户既可以使用全部音频文件，也可以将其中的一部分重复放入电影中的不同位置，这并不会显著地影响文件的大小。

03 选择一个要导入的音频文件，单击【打开】按钮将其导入。

04 导入的音频文件会自动添加到【库】面板中，在【库】面板中选择一个音频文件，在【预览】窗口中即可观察到音频的波形，如图 2-25 所示。

图 2-25

单击【预览】窗口中的【播放】按钮，即可在【库】面板中试听导入的音频效果。音频文件被导入 Animate 中之后，就成为 Animate 文件的一部分，也就是说，声音或音轨文件会使 Animate 文件的体积变大。

■ 2.4.2 编辑音频文件

用户可以在【属性】面板中对导入的音频文件的属性进行编辑，如图 2-26 所示。

图 2-26

1. 设置音频效果

在音频层中任意选择一帧 (含有声音数据的)，并打开【属性】面板，用户可以在【效果】下拉列表框中选择一种效果。

◎ 【左声道】：只用左声道播放声音。

◎ 【右声道】：只用右声道播放声音。

◎ 【向右淡出】：声音从左声道转换到右声道。

◎ 【向左淡出】：声音从右声道转换到左声道。

◎ 【淡入】：音量从无逐渐增加到正常。

◎ 【淡出】：音量从正常逐渐减少到无。

◎ 【自定义】：选择该选项后，可以打开【编辑封套】对话框，通过使用编辑封套自定义声音效果，如图 2-27 所示。

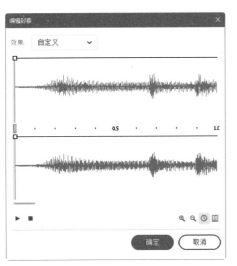

图 2-27

> 提示：单击【效果】右侧的【编辑声音封套】按钮 🔊，也可以打开【编辑封套】对话框。

2. 音频同步设置

在【属性】面板的【同步】下拉列表框中可以选择音频的同步类型。

◎ 【事件】：该选项可以将声音和一个事件的发生过程同步。事件声音在起始关键帧开始显示时播放，并独立于时间轴播放完整声音，即使 SWF 文件停止也继续播放。当播放发布的 SWF 文件时，事件和声音也同步进行播放。事件声音的一个实例就是当用户单击一个按钮时播放的声音。如果事件声音正在播放，而声音再次被实例化（例如，用户再次单击按钮），则第一个声音实例继续播放，而另一个声音实例也开始播放。

◎ 【开始】：与【事件】选项的功能相近，但是如果原有的声音正在播放，使用【开始】选项后则不会播放新的声音实例。

◎ 【停止】：使指定的声音静音。

◎ 【数据流】：用于同步声音，以便在 Web 站点上播放。选择该项后，Animate 将强制动画和音频流同步。如果 Animate 不能流畅地运行动画帧，就跳过该帧。与事件声音不同，音频流会随着 SWF 文件的停止而停止，而且音频流的播放时间绝对不会比帧的播放时间长。当发布 SWF 文件时，音频流会混合在一起播放。

3. 音频循环设置

在一般情况下，音频文件的字节数较多，如果在一个较长的动画中引用很多音频文件，就会造成文件过大。为了避免这种情况发生，可以使用重复播放音频的方法，即在动画中重复播放一个音频文件。

在【属性】面板的【声音】选项组中可设置音频重复播放的次数，如果要连续播放音频，可以选择【循环】选项，以便在一段持续时间内一直播放音频。

2.4.3 压缩音频文件

在【库】面板中选择一个音频文件，单击鼠标右键，在弹出的快捷菜单中选择【属性】命令，弹出【声音属性】对话框。单击【压缩】下拉按钮，可以弹出压缩选项，如图 2-28 所示，其各选项介绍如下。

图 2-28

◎ 【默认】：这是 Animate 提供的一种通用的压缩方式，可以对整个文件中的声音用同一个压缩比进行压缩，而不用分别对文件中不同的声音进行单独的属性设置,从而避免了不必要的麻烦。

◎ ADPCM:常用于压缩诸如按钮音效、事件声音等比较简短的声音,选择该项后,其下方将出现新的设置选项,如图2-29所示。

图 2-29

◇ 【预处理】:如果勾选【将立体声转换为单声道】复选框,就可以自动将混合立体声(非立体声)转化为单声道的声音,文件容量相应减小。

◇ 【采样率】:可在此选择一个选项以控制声音的保真度和文件大小。较低的采样率可以减小文件容量,但同时也会降低声音的品质。5kHz的采样率只能达到人们说话声的质量,11kHz的采样率是播放一小段音乐所要求的最低标准,同时11kHz的采样率所能达到的声音质量为1/4的CD(Compact Disc)音质;22kHz的采样率的声音质量可达到一般的CD音质,也是目前众多网站所选择的播放声音的采样率,鉴于目前的网络速度,建议读者采用该采样率作为Animate动画中的声音标准;44kHz的采样率是标准的CD音质,可以达到很好的听觉效果。

◇ 【ADPCM位】:设置编码时的比特率。数值越大,生成的声音的音质越好,而声音文件的容量也就越大。

◎ MP3:使用该方式压缩声音文件可使文件体积变成原来的1/10,而且基本不损坏音质。这是一种高效的压缩方式,常用于压缩较长且不用循环播放的声音,这种方式在网络传输中很常用。选择这种压缩方式后,其下方会出现如图2-30所示的选项。

图 2-30

◎ 【Raw】:选择此选项,在导出声音时不进行压缩。

◎ 【语音】:选择该选项,会选择一个适合于语音的压缩方式导出声音。

【实战】音乐波形频谱

本例主要通过脚本代码显示音乐波形频谱,完成后的效果如图2-31所示。

图 2-31

素材	素材 \Cha02\ 波形频谱背景 .jpg、波形频谱音频 .mp3
场景	场景 \Cha02\【实战】音频波形频谱 .fla
视频	视频教学 \Cha02\【实战】音频波形频谱 .mp4

01 启动软件后按 Ctrl+N 组合键,弹出【新建文档】对话框,将【宽】设置为850像素、【高】设置为443像素,【帧速率】设置为20,【平

台类型】设置为 ActionScript 3.0，单击【创建】按钮。在菜单栏中选择【文件】|【导入】|【导入到舞台】命令，如图 2-32 所示。

图 2-32

02 弹出【导入】对话框，选择"素材\Cha02\波形频谱背景.jpg"素材文件，单击【打开】按钮，并将素材文件与舞台对齐，如图 2-33 所示。

图 2-33

03 按 Ctrl+F8 组合键，弹出【创建新元件】对话框，在该对话框中设置【名称】为"代码"，将【类型】设置为【影片剪辑】，如图 2-34 所示。

图 2-34

04 单击【确定】按钮，进入元件中，按 F9 键，打开【动作】面板，输入代码，如图 2-35 所示。

图 2-35

05 输入完成后，单击左上角的 ← 按钮，返回到场景中，新建"图层_2"，在【库】面板中将创建的"代码"元件拖至舞台中，然后打开【属性】面板，将【位置和大小】选项组下的 X 设置为 0、Y 设置为 237.3，如图 2-36 所示。

图 2-36

06 调整完成后，按 Ctrl+Enter 组合键测试视频效果，如图 2-37 所示。

图 2-37

图 2-39

2.5 素材的导出

使用 Animate 制作素材后可以将其导出为多种格式的文件，本节讲解关于素材的导出。

■ 2.5.1 导出图像文件

下面介绍如何在 Animate 中导出图像文件。Animate 文件可以导出为图像格式的文件，其操作步骤如下。

01 单击工具栏中的【多角星形工具】按钮 ●，将【笔触颜色】定义为无，任意设置填充颜色，然后在舞台中绘制图形，如图 2-38 所示。

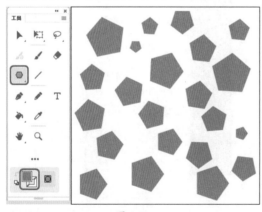

图 2-38

02 选择菜单栏中的【文件】|【导出】|【导出图像】命令，如图 2-39 所示。

03 弹出【导出图像】对话框，单击【优化的文件格式】下拉按钮，选择需要导出的格式，如图 2-40 所示。

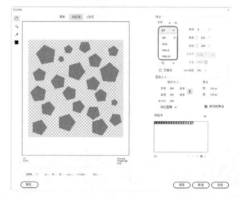

图 2-40

04 单击【保存】按钮或按 Enter 键，弹出【另存为】对话框，设置保存路径，在【文件名】下拉列表框中输入要保存的文件名，单击【保存】按钮，如图 2-41 所示。

图 2-41

■ 2.5.2 导出图像序列文件

下面介绍如何在 Animate 中导出图像序列文件。

Animate 文件可以导出为图像序列文件，其操作步骤如下。

01 在工具栏中单击【多角星形工具】按钮 ⬢，将【笔触颜色】定义为无，设置填充颜色，然后在舞台中绘制图形，软件会自动在时间轴的第 1 帧处插入关键帧，如图 2-42 所示。

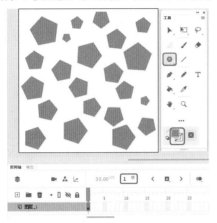

图 2-42

02 选择时间轴上的第 2 帧，按 F6 键插入关键帧，然后按 Delete 键删除舞台中的图形，再重新绘制图形，如图 2-43 所示。

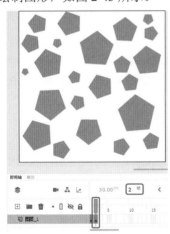

图 2-43

03 选择菜单栏中的【文件】|【导出】|【导出影片】命令，如图 2-44 所示。

04 在弹出的【导出影片】对话框中，选择保存位置，输入文件名称，在【保存类型】下拉列表框中设置需要的格式序列文件，然后单击【保存】按钮，如图 2-45 所示。

图 2-44

图 2-45

05 在弹出的【导出 JPEG】对话框中使用默认设置，单击【确定】按钮，如图 2-46 所示，即可保存文件，可在保存文件的位置查看效果。

图 2-46

■ 2.5.3　导出 SWF 影片文件

下面介绍如何在 Animate 中导出 SWF 影片文件。

Animate 文件可以导出 SWF 影片格式的文件，其操作步骤如下。

01 在 Animate 中创建两个不同画面的关键帧，如图 2-47 所示。

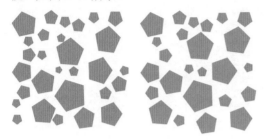

图 2-47

02 选择菜单栏中的【文件】|【导出】|【导出影片】命令，如图 2-48 所示。

图 2-48

03 在弹出的【导出影片】对话框中，选择保存位置，输入文件名称，将【保存类型】设置为【SWF 影片 (*.swf)】格式，然后单击【保存】按钮即可，如图 2-49 所示。

图 2-49

■ 2.5.4 导出视频文件

下面介绍如何在 Animate 中导出视频文件。

Animate 文件可以导出视频格式的文件，其操作步骤如下。

01 在工具栏中选择多角星形工具，在舞台中创建图形，选中关键帧后按 F8 键，弹出【转换为元件】对话框，保持默认设置，单击【确定】按钮，如图 2-50 所示。

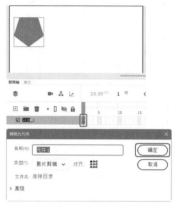

图 2-50

02 在时间轴中选择第 20 帧，按 F6 键插入关键帧。删除前面绘制的图形，在舞台中重新绘制一个图形，根据前面介绍的方法将其转换为元件，然后在第 1 帧与第 20 帧之间右击，在弹出的快捷菜单中选择【创建传统补间】命令，如图 2-51 所示。

图 2-51

03 在菜单栏中选择【文件】|【导出】|【导出视频/媒体】命令，如图 2-52 所示。

图 2-52

04 打开【导出媒体】对话框，使用默认设置，然后单击【导出】按钮，如图 2-53 所示。

图 2-53

05 弹出【导出媒体】对话框，即代表导出已完成，如图 2-54 所示。

图 2-54

 【实战】制作音乐进度条

本例将介绍音乐进度条的制作。首先添加【音乐进度条】影片剪辑元件，然后为其设置遮罩层，最后将文档导出为 JPEG 格式即可，完成后的效果如图 2-55 所示。

图 2-55

素材	素材 \Cha02\ 音乐播放器 .fla、进度条 .png
场景	场景 \Cha02\【实战】制作音乐进度条 .fla
视频	视频教学 \Cha02\【实战】制作音乐进度条 .mp4

01 打开"素材 \Cha02\ 音乐播放器 .fla"素材文件，如图 2-56 所示。

图 2-56

02 在【时间轴】面板中单击【新建图层】按钮田，新建"图层_2"，并将其重命名为"音乐进度条"，如图 2-57 所示。

图 2-57

03 在【库】面板中选择【音乐进度条】影片剪辑元件，按住鼠标将其拖曳到舞台，在【属性】面板中将【宽】设置为325，如图2-58所示。

图 2-58

04 新建"图层_3"，并将其重命名为"遮罩层"，如图2-59所示。

图 2-59

05 在工具栏中单击【矩形工具】按钮■，在【属性】面板中任意设置填充颜色，将【笔触颜色】设置为无，在舞台中绘制一个矩形，将【音乐进度条】影片剪辑元件遮盖，如图2-60所示。

图 2-60

06 在【时间轴】面板中右击【遮罩层】图层，在弹出的快捷菜单中选择【遮罩层】命令，

如图2-61所示。

图 2-61

07 在菜单栏中选择【文件】|【导出】|【导出图像】命令，弹出【导出图像】对话框，将【优化的文件格式】设置为JPEG，如图2-62所示。

图 2-62

08 设置完成后，单击【保存】按钮，在弹出的【另存为】对话框中选择需要保存的路径，单击【保存】按钮即可，如图2-63所示。

图 2-63

知识链接：影片的发布及输出

1. 发布 SWF 文件及 HTML 文件

在【发布设置】对话框的【发布】选项组中，选中发布 Animate(.swf) 格式标签后，即可将界面转换为 Animate(.swf) 格式图像发布文件的设置界面，其中的选项及参数说明如下。

选中 HTML 标签，将界面转换为 HTML 发布文件的设置界面，其中部分选项及参数说明如下。

◎ 【模板】：生成 HTML 文件所需的模板，单击【信息】按钮可以查看模板的信息。

◎ 【检测 Flash 版本】：自动检测 Flash 的版本。勾选该复选框后，可以单击【设置】按钮，进行版本检测的设置。

◎ 【大小】：设置 Animate 影片在 HTML 文件中的尺寸。

◎ 【开始时暂停】：影片在第 1 帧暂停。

◎ 【循环】：循环播放影片。

◎ 【显示菜单】：在生成的影片页面中单击鼠标右键，会弹出控制影片播放的菜单。

◎ 【设备字体】：使用默认字体替换系统中没有的字体。

◎ 【品质】：选择影片的图像质量。

◎ 【窗口】：Animate 影片在网页中的矩形窗口内播放。

◎ 【不透明无窗口】：使 Animate 影片的区域不露出背景元素。

◎ 【透明无窗口】：使网页的背景可以透过 Animate 影片的透明部分。

◎ 【显示警告消息】：勾选该复选框后，如果影片出现错误，则会弹出警告信息。

◎ 【默认 (显示全部)】：等比例大小显示 Animate 影片。

◎ 【无边框】：使用原有比例显示影片，但是去除超出网页的部分。

◎ 【精确匹配】：使影片大小按照网页的大小进行显示。

◎ 【无缩放】：不按比例缩放影片。

◎ 【HTML 对齐】：设置 Animate 影片在网页中的位置。

◎ 【Animate 对齐】：影片在网页上的排列位置。

2. 发布 GIF 文件

在【发布设置】对话框的【其他格式】选项组中，选中【GIF 图像】格式标签后，即可将界面转换为 GIF 格式图像发布文件的设置界面，如图 2-64 所示。其中的部分选项及参数说明如下。

图 2-64

◎ 【大小】：设置 GIF 动画的宽和

高，若勾选【匹配影片】复选框，则不需要设置宽和高。

◎ 【静态】：发布的 GIF 为静态图像。

◎ 【动画】：发布的 GIF 为动态图像，选择该选项后可以设置动画的循环播放次数。

◎ 【平滑】：消除位图的锯齿。

3. 发布 JPEG 文件

在【发布设置】对话框的【其他格式】选项组中，选中【JPEG 图像】格式标签后，即可将界面转换为 JPEG 格式图像文件的发布设置界面，如图 2-65 所示。其中的部分选项及参数说明如下。

图 2-65

◎ 【大小】：设置要发布的位图的尺寸。

◎ 【品质】：上下滑动鼠标滚轮或

双击设置发布位图的图像品质。

◎ 【渐进】：在低速网络环境中，逐渐显示位图。

4. 发布 PNG 文件

在【发布设置】对话框的【其他格式】选项组中，选中【PNG 图像】格式标签后，即可将界面转换为 PNG 格式图像文件的发布设置界面，如图 2-66 所示。其中的部分选项及参数说明如下。

图 2-66

◎ 【大小】：设置要发布的位图的尺寸。

◎ 【位深度】：可选择【8位】、【24位】、【24 位 Alpha】三个选项。

◎ 【平滑】：消除位图的锯齿。

此外，还可以选择和设置几种可以发布的文件格式，但是，由于它们的使用概率较低，因此就不在此一一详细说明了。

课后项目练习
视频播放器

下面介绍制作播放器，在本例中使用软件自带的播放器组件加载外部的视频，通过对本例的学习，学会使用播放组件，效果如图 2-67 所示。

课后项目练习效果展示

图 2-67

课后项目练习过程概要

01 导入"播放器背景 .jpg"素材文件作为视频播放器的背景。

02 导入"播放器视频 .mp4"素材文件完善视频播放器画面。

素材	素材 \Cha02\ 播放器背景 .jpg、播放器视频 .mp4
场景	场景 \Cha02\ 视频播放器 .fla
视频	视频教学 \Cha02\ 视频播放器 .mp4

01 按 Ctrl+N 组合键，弹出【新建文档】对话框，将【宽】、【高】分别设置为 400 像素、267 像素，【帧速率】设置为 30，【平台类型】设置为 ActionScript 3.0，单击【创建】按钮。在菜单栏中选择【文件】|【导入】|【导入到舞台】命令，如图 2-68 所示。

图 2-68

02 在弹出的【导入】对话框中选择"素材 \Cha02\ 播放器背景 .jpg"素材文件，单击【打开】按钮，并将其对齐舞台，效果如图 2-69 所示。

图 2-69

03 在菜单栏中选择【文件】|【导入】|【导入视频】命令，在弹出的【导入视频】对话框中，选中【使用播放组件加载外部视频】单选按钮，然后单击【浏览】按钮，如图 2-70 所示。

图 2-70

04 在弹出的【打开】对话框中选择"素材 \
Cha02\ 播放器视频 .mp4"素材文件,单击【打
开】按钮,返回至【导入视频】对话框,单击【下
一步】按钮,如图 2-71 所示。

图 2-71

05 在【设定外观】界面中选择需要的外观,
单击【下一步】按钮,如图 2-72 所示。

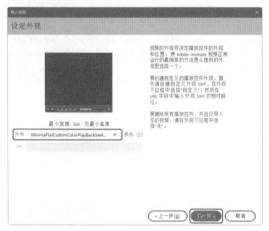

图 2-72

06 在【完成视频导入】对话框中单击【完成】
按钮,即可将素材视频导入舞台中。选中视
频素材,在工具栏中单击【任意变形工具】
按钮,调整其大小与位置,如图 2-73 所示。

图 2-73

07 调整完成后按 Ctrl+Enter 组合键测试视频
效果,如图 2-74 所示。

图 2-74

第 03 章

制作汽车行驶动画——帧与图层

本章导读：

　　动画是通过把人物的表情、动作等分解后画成许多动作瞬间的画幅，再用摄影机连续拍摄成画面，给视觉造成连续变化的图画。它的基本原理与电影、电视一样，都是视觉暂留原理。本章将通过学习图层、关键帧等知识来制作卡通动画效果。

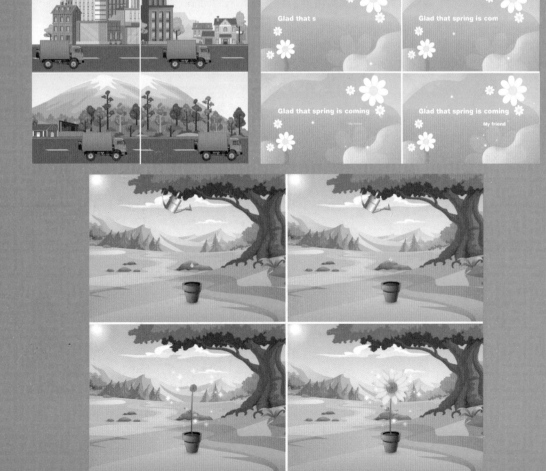

【案例精讲】
制作汽车行驶动画

为了更好地完成本设计案例，现对制作要求及设计内容做如下规划，效果如图 3-1 所示。

作品名称	制作汽车行驶动画
作品尺寸	900 像素 ×739 像素
设计创意	汽车是现代工业的结晶，随着时代的飞速发展，汽车在人们的生活中也较为常见。在卡通动画设计中，汽车行驶动画也比较常见，制作汽车行驶动画需要注意行驶原理，让动画更加流畅，从而体会到制作动画的乐趣
主要元素	(1) 城市背景 (2) 货车 (3) 轮胎
应用软件	Animate 2020
素材	素材 \Cha03\ 城市 .jpg、汽车 .png、轮胎 .png
场景	场景 \Cha03\【案例精讲】制作汽车行驶动画 .fla
视频	视频教学 \Cha03\【案例精讲】制作汽车行驶动画 .mp4
汽车行驶 动画效果欣赏	 图 3-1

01 新建【宽】、【高】分别为 900 像素、739 像素，【帧速率】为 30，【平台类型】为 ActionScript 3.0 的文档，在【时间轴】面板中将"图层 _1"重命名为"城市"，如图 3-2 所示。

图 3-2

02 按 Ctrl+R 组合键，在弹出的对话框中选择"素材 \Cha03\ 城市 .jpg"素材文件，单击【打开】按钮。选中导入的素材文件，在【属性】面板中将【宽】、【高】分别设置为 5084.35、739，将 X、Y 均设置为 0，如图 3-3 所示。

图 3-3

03 继续选中该素材文件，按 F8 键，在弹出的对话框中将【名称】设置为"城市"，将【类型】设置为"影片剪辑"，设置为【居中对齐】，如图 3-4 所示。

图 3-4

04 设置完成后，单击【确定】按钮。在【时间轴】面板中选择"城市"图层，选中该图层的第 115 帧，右击鼠标，在弹出的快捷菜单中选择【插入关键帧】命令，如图 3-5 所示。

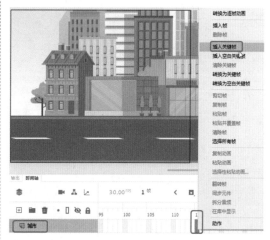

图 3-5

05 选中第 115 帧上的元件，在【属性】面板中将 X、Y 分别设置为 -1540.75、369.5，如图 3-6 所示。

图 3-6

06 选择"城市"图层中的第 80 帧，右击鼠标，在弹出的快捷菜单中选择【创建传统补间】命令，如图 3-7 所示。

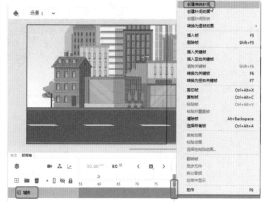

图 3-7

知识链接：认识时间轴

时间轴是整个 Animate 2020 的核心，使用它可以组织和控制动画中的内容在特定的时间出现在画面上。创建文档时，在工作窗口上方会自动出现【时间轴】面板，如图 3-8 所示，整个面板分为左右两个部分，左侧是图层，右侧是帧。左侧图层中包含的帧显示在帧面板中，正是这种结构使 Animate 2020 能巧妙地将时间和对象联系在一起。在默认情况下，时间轴位于工作窗口的底部，用户可以根据习惯调整位置，也可以将其隐藏。

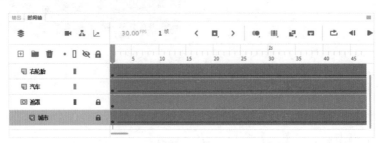

图 3-8

1. 时间线

时间线用来指示当前所在帧。如果在舞台中按 Enter 键，则可以在编辑状态下运行影片，时间线也会随着影片的播放而向前移动，指示播放到的帧的位置。

如果正在处理大量的帧，无法一次全部显示在时间轴上，则可以拖动时间线沿着时间轴移动，从而轻易地定位到目标帧，如图 3-9 所示。

图 3-9

2. 图层

在处理较复杂的动画时，特别是制作拥有较多的对象的动画效果时，同时对多个对象进行编辑就会造成混乱，带来很多麻烦。针对这个问题，Animate 2020 字体软件提供了图层操作模式，每个图层都有自己的帧，各图层可以独立地进行编辑操作。这样可以在不同的图层上设置不同对象的动画效果。另外，由于每个图层的帧在时间上也是互相对应的，所以在播放过程中，同时显示的各个图层是互相融合地协调播放。Animate 2020 还提供了专门的图层管理器，使用户在使用图层工具时有充分的自主性。

3. 帧

帧就像电影中的底片，基本上制作动画的大部分操作都是对帧的操作，不同帧的前后顺序将关系这些帧中的内容在影片播放中出现的顺序。帧操作得好坏会直接影响影片的视觉效果和影片内容的流畅性。帧是一个广义概念，它包含三种类型，分别是普通帧（也可叫过渡帧）、关键帧和空白关键帧。

07 在【时间轴】面板中新建一个图层，将其命名为"遮罩"，如图 3-10 所示。

图 3-10

08 在工具栏中单击【矩形工具】 ▧，在舞台中绘制一个矩形。选中绘制的矩形，在【属性】面板中将【宽】、【高】分别设置为900、739，将 X、Y 都设置为 0，设置任意填充颜色，将【笔触颜色】设置为无，如图 3-11

所示。

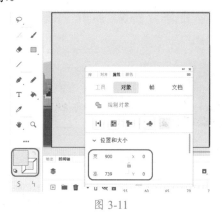

图 3-11

09 在【时间轴】面板中选择"遮罩"图层，右击鼠标，在弹出的快捷菜单中选择【遮罩层】命令，如图 3-12 所示。

图 3-12

10 按 Ctrl+F8 组合键，在弹出的对话框中将【名称】设置为"汽车行驶动画"，将【类型】设置为"影片剪辑"，如图 3-13 所示。

图 3-13

11 设置完成后，单击【确定】按钮，按 Ctrl+R 组合键，在弹出的对话框中选择"素材 \Cha03\ 汽车 .png"素材文件，单击【打开】按钮。选中该素材文件，在【属性】面板中将【宽】、【高】分别设置为 403.35、230.25，将 X、Y 都设置为 0，如图 3-14 所示。

图 3-14

12 选中该图形，按 F8 键，在弹出的对话框中将【名称】设置为"汽车"，将【类型】设置为"影片剪辑"，将【对齐】设置为居中，如图 3-15 所示。

图 3-15

13 设置完成后，单击【确定】按钮。继续选中该元件，在【时间轴】面板中选择"图层_1"的第 6 帧，按 F6 键插入关键帧。选中该帧上的元件，在【属性】面板中将 Y 设置为 114.1，如图 3-16 所示。

图 3-16

> 提示：在此第 1 帧上的"汽车"元件的 X、Y 分别为 201.65、114.1。

14 选择"图层_1"的第 3 帧，右击鼠标，

在弹出的快捷菜单中选择【创建传统补间】命令。选择该图层的第 10 帧，按 F6 键插入关键帧。选中该帧上的元件，在【属性】面板中将 Y 设置为 115.1，如图 3-17 所示。

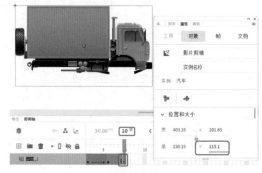

图 3-17

15 在第 6 帧与第 10 帧之间创建传统补间。选中该图层的第 14 帧，按 F6 键插入关键帧，选中该帧上的元件，在【属性】面板中将 Y 设置为 114.1，如图 3-18 所示。

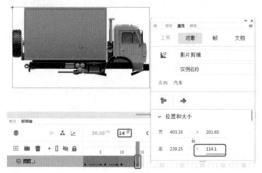

图 3-18

16 在第 10 帧与第 14 帧之间创建传统补间。选中该图层的第 19 帧，按 F6 键插入关键帧，选中该帧上的元件，在【属性】面板中将 Y 设置为 115.1，如图 3-19 所示。

图 3-19

17 在第 14 帧与第 19 帧之间创建传统补间。根据同样的方法为轮胎创建上下起伏效果，如图 3-20 所示。

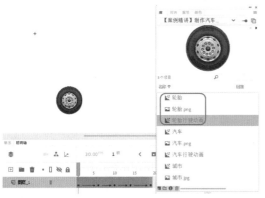

即可创建传统补间，效果如图 3-23 所示。

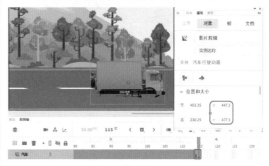

图 3-20

图 3-22

18 创建完成后，返回至"场景 1"中，在【时间轴】面板中新建一个图层，将其命名为"汽车"。在【库】面板中选择"汽车行驶动画"影片剪辑元件，按住鼠标将其拖曳至舞台中，选中该元件，在【属性】面板中将 X、Y 分别设置为 35.95、477.65，如图 3-21 所示。

图 3-21

19 选中"汽车"图层的第 115 帧，按 F6 键插入一个关键帧。选中该帧上的元件，在【属性】面板中将 X、Y 分别设置为 447.3、477.3，如图 3-22 所示。

20 在【时间轴】面板中选择"汽车"图层的第 100 帧，右击鼠标，在弹出的快捷菜单中选择【创建传统补间】命令，执行该操作后，

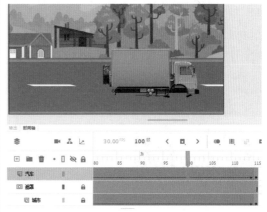

图 3-23

21 在【时间轴】面板中新建一个图层，将其命名为"右轮胎"，在【库】面板中选择"轮胎行驶动画"影片剪辑元件，按住鼠标将其拖曳至舞台中，将 X、Y 分别设置为 246.5、477.95，效果如图 3-24 所示。

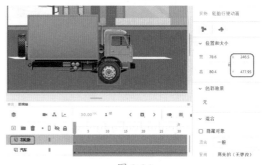

图 3-24

22 在【时间轴】面板中选择"右轮胎"的第 115 帧，按 F6 键插入关键帧。选中该帧上的元件，将 X、Y 分别设置为 658.6、477.95，效果如图 3-25 所示。

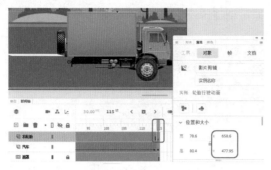

图 3-25

23 在该图层的第 1 至 115 帧之间创建传统补间。在【时间轴】面板中选择"右轮胎"的第 1 帧,在【属性】面板中将【旋转】设置为【逆时针】,将【旋转次数】设置为 53,如图 3-26 所示。

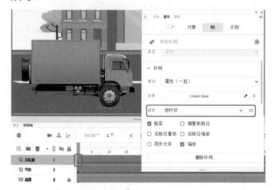

图 3-26

24 使用同样的方法创建左侧轮胎的动画效果,并对其进行相应的设置,效果如图 3-27 所示。

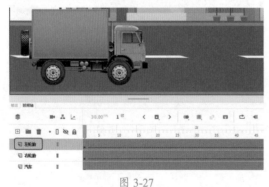

图 3-27

提示:【旋转】选项只有在创建补间动画与传统补间动画时才可在【属性】面板中进行设置,若创建的是【形状补间动画】,则【旋转】选项也不可见。在创建完成补间动画与传统补间动画后,选择补间的关键帧,在【属性】面板中设置【旋转】与【旋转次数】,即可为该图层中的对象添加旋转动画效果。

3.1 图层的使用

图层在制作动画中有重要作用,每一个动画都是由不同的图层组成的。

■ 3.1.1 图层的管理

在制作动画的过程中可以对图层进行管理,如新建图层、重命名图层等。

1. 新建图层

为了方便动画的制作,往往需要添加新的图层。新建图层时,首先选中一个图层,然后单击【时间轴】面板中的【新建图层】按钮⊞,如图 3-28 所示。此时当前选择图层上方就会新建一个图层,如图 3-29 所示。

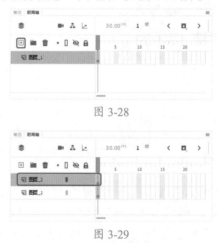

图 3-28

图 3-29

创建图层的方法还有以下两种。

◎ 选中一个层,然后选择菜单栏中的【插入】|【时间轴】|【图层】命令。

◎ 选中一个层,然后右击,在弹出的快捷菜单中选择【插入图层】命令。

2. 重命名图层

在默认情况下，新层是按照创建它们的顺序命名的：图层_1、图层_2、……依次类推。给图层重命名，可以更好地反映每个图层中的内容。在图层名称上双击，将出现一个文本框，如图 3-30 所示。输入名称，按 Enter 键即可对其重命名，如图 3-31 所示。

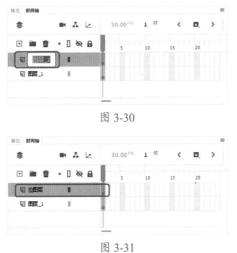

图 3-30

图 3-31

除此之外，选择图层，单击鼠标右键，在弹出的快捷菜单中选择【属性】命令，如图 3-32 所示，随即弹出【图层属性】对话框，在该对话框的【名称】文本框中输入名称，单击【确定】按钮就可以为图层重新命名，如图 3-33 所示。

图 3-32

图 3-33

3. 改变图层的顺序

在编辑时，往往要改变图层之间的顺序，操作如下。

01 打开【时间轴】面板，选择需要移动的图层，如图 3-34 所示。

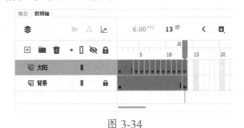

图 3-34

02 向下或向上拖动鼠标，当黑线出现在想要的位置时，释放鼠标，调整后的效果如图 3-35 所示。

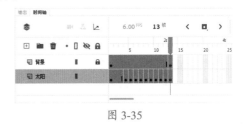

图 3-35

4. 选择图层

当一个文件具有多个图层时，往往需要在不同的图层之间来回选取，只有图层成为当前层才能进行编辑。当图层底纹为蓝色时，表示该层是当前工作层。每次只能编辑一个工作层。

选择图层的方法有如下三种。

◎ 单击时间轴上图层的任意一帧。

◎ 单击时间轴上图层的名称。

◎ 选取舞台中的对象，则对象所在的图层被选中。

5. 复制图层

在 Animate 2020 中可以将图层中的所有对象复制下来，并粘贴到【时间轴】面板中，在【时间轴】面板中选择要复制的图层，右击鼠标，在弹出的快捷菜单中选择【复制图层】命令，如图 3-36 所示，执行该操作后，即可将选中的图层进行复制。

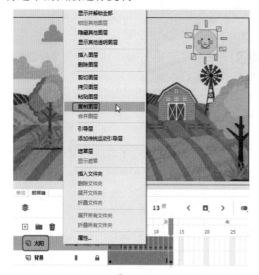

图 3-36

除了上述方法外，复制图层的方法还有两种。

◎ 选择要复制的图层，右击鼠标，在弹出的快捷菜单中选择【拷贝图层】命令，然后在【时间轴】面板中右击鼠标，在弹出的快捷菜单中选择【粘贴图层】命令。

◎ 选中要复制的图层，在菜单栏中选择【编辑】|【时间轴】|【直接复制图层】命令。

6. 删除图层

删除图层的方法有以下三种。

◎ 选择图层，单击【时间轴】面板上右下角的【删除】按钮🗑️。

◎ 在【时间轴】面板上单击要删除的图层，并将其拖到【删除】按钮🗑️上。

◎ 在【时间轴】面板上右击要删除的图层，然后在弹出的快捷菜单中选择【删除图层】命令。

■ 3.1.2　设置图层的状态

在时间轴的图层编辑区中有代表图层状态的三个图标，如图 3-37 所示。它们可以隐藏某个图层以保持舞台区域的整洁，可以将某层锁定以防止被意外修改，可以在任何层查看对象的轮廓线。

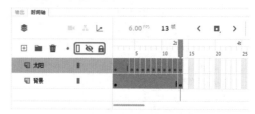

图 3-37

1. 隐藏图层

隐藏图层可以使一些图像隐藏，从而减少不同图层之间的图像干扰，使整个舞台保持整洁。在图层隐藏以后，就暂时不能对该层进行编辑了。图 3-38 所示为隐藏图层状态。

图 3-38

隐藏图层的方法有以下两种。

◎ 单击图层名称右边的隐藏栏即可隐藏图层，再次单击隐藏栏则可以取消隐藏该层。

◎ 单击【显示或隐藏所有图层】图标 👁，可以将所有图层隐藏，再次单击该图标则会取消隐藏图层。

2. 锁定图层

锁定图层就是将某些图层锁定，这样便可以防止一些已编辑好的图层被意外修改。在图层被锁定以后，就暂时不能对该层进行各种编辑了。与隐藏图层不同的是，锁定图层上的图像仍然可以显示，如图 3-39 所示。

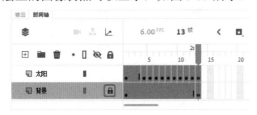

图 3-39

3. 线框模式

在编辑中，可能需要查看对象的轮廓线，这时可以通过线框显示模式去除填充区，从而方便地查看对象。在线框模式下，该层的所有对象都以同一种颜色显示，如图 3-40 所示。

图 3-40

调出线框模式显示的方法有以下三种。

◎ 单击【将所有图层显示为轮廓】按钮 ⬚，可以使所有图层用线框模式显示，再次单击线框模式图标则取消线框模式。

◎ 单击图层名称右边的显示模式栏 ■ (不同图层显示栏的颜色不同)，当显示模式栏变成空心的正方形 ⬚ 时即可将图层转换为线框模式，再次单击显示模式栏则可取消线框模式。

◎ 用鼠标在图层的显示模式栏中上下拖动，可以使多个图层以线框模式显示或者取消线框模式。

知识链接：图层属性

Animate 2020 中的图层具有多种属性，用户可以通过【图层属性】对话框设置图层的属性，如图 3-41 所示。

图 3-41

◎ 【名称】：在此文本框中设置图层的名称。

◎ 【锁定】：设置是否可以编辑层里的内容，即图层是否处于锁定状态。

◎ 【可见性】：设置图层的内容是否显示在场景中。

◎ 【类型】：设置图层的种类。

◇ 【一般】：设置图层为标准图层，这是 Animate 2020 默认的图层类型。

◇ 【遮罩层】：允许用户把当前层的类型设置成遮罩层，这种类型的层将遮掩与其相连接的任何层上的对象。

◇ 【被遮罩】：设置当前层为被遮罩层，这意味着它必须连接到一个遮罩层上。

◇ 【文件夹】：设置当前图层为图层文件夹形式，将消除该层包含的全部内容。

◇ 【引导层】：设置该层为引导图层，这种类型的层可以引导与其相连的被引导层中的过渡动画。

◎ 【轮廓颜色】：用于设置该图层上对象的轮廓颜色。为了帮助用户区分对象所属的图层，可以用彩色轮廓显示图层上的所有对象，也可以更改每个图层使用的轮廓颜色。

◎ 【图层高度】：可设置图层的高度，这在层中处理波形（如声波）时很实用，有100%、200%和300%三种高度。【背景】、【栅栏】和【花草】图层分别对应三种高度，如图3-42所示。

图 3-42

3.2

使用图层文件夹管理图层

在制作动画的过程中，有时需要创建图层文件夹来管理图层，以方便动画的制作。

■ 3.2.1 添加图层文件夹

添加图层文件夹的方法有以下几种。

◎ 单击【时间轴】面板中的【新建文件夹】图标，如图3-43所示。

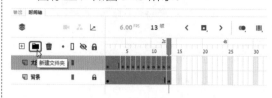

图 3-43

◎ 在菜单栏中选择【插入】|【时间轴】|【图层文件夹】命令，如图3-44所示。

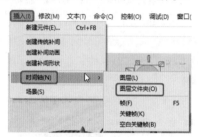

图 3-44

◎ 右击时间轴的图层编辑区，然后在弹出的快捷菜单中选择【插入文件夹】命令，如图3-45所示。

图 3-45

■ 3.2.2 组织图层文件夹

用户可以在图层文件夹中添加、删除图层或图层文件夹，也可以移动图层或图层文件夹，操作方法与图层的操作方法基本相同。若想将外部的图层移动到图层文件夹中，可以拖曳图层到目标图层文件夹中，图层文件夹图标的颜色会变深，然后使用鼠标拖动即可完成操作。移除图层的操作与之相反。图层文件夹内的图层图标会缩进排列在图层文件夹图标之下，如图3-46所示。

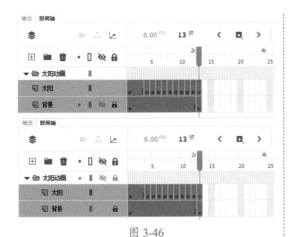

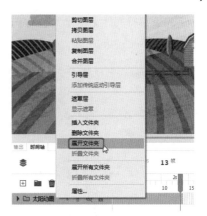

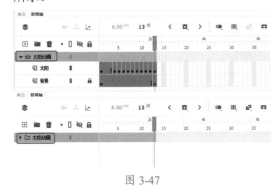

图 3-46

图 3-48

图 3-49

3.2.3 展开或折叠图层文件夹

当图层文件夹处于展开状态时，图层文件夹图标左侧的箭头指向下方；当图层文件夹处于折叠状态时，箭头指向右方，如图 3-47 所示。

图 3-47

展开图层文件夹的方法如下。

◎ 单击箭头，展开的图层文件夹将折叠起来，同时箭头变为 ▶，单击箭头，折叠的图层文件夹又可以展开了。

◎ 用户也可以右击图层文件夹，然后选择快捷菜单中的【展开文件夹】命令来展开处于折叠状态的图层文件夹，如图 3-48 所示。

◎ 选择快捷菜单中的【展开所有文件夹】命令，将展开所有处于折叠状态的图层文件夹（已展开的图层文件夹不变），如图 3-49 所示。

3.2.4 用【分散到图层】命令自动分配图层

Animate 2020 允许设计人员选择多个对象，然后应用【修改】|【时间轴】|【分散到图层】命令自动地为每个对象创建并命名新图层，并且将这些对象移动到对应的图层中，Animate 可以为这些图层提供恰当的命名，如果对象是元件或位图图像，新图层将按照对象的名称命名。

下面介绍【分散到图层】命令的使用方法。

01 按 Ctrl+O 组合键，在弹出的对话框中选择"素材\Cha03\素材 01.fla"素材文件，单击【打开】按钮，素材效果如图 3-50 所示。

02 在工具栏中选择【文本工具】T，输入"滋润补水"，打开【属性】面板，将【字体】设置为【方正行楷简体】，将【大小】设置为107pt，将【字符间距】设置为5，将【颜色】分别设置为#2a8cc5、#e23262，如图3-51所示。

图 3-50

图 3-51

03 使用【选择工具】▶.选择输入的文字，按 Ctrl+B 组合键将文字分离，如图3-52所示。

图 3-52

04 在菜单栏中选择【修改】|【时间轴】|【分散到图层】命令，如图3-53所示。

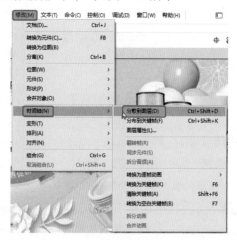

图 3-53

05 执行操作后，即可将文字分离到不同的图层中，在【时间轴】面板中将"图层_1"调整至最下方，效果如图3-54所示。

图 3-54

3.3 处理关键帧

动画中需要的每一张图片就相当于其中的一帧，因此帧是构成动画的核心元素。在很多时候不需要将动画的每一帧都绘制出来，而只需绘制动画中起关键作用的帧，这样的帧称为关键帧。

■ 3.3.1 插入帧和关键帧

在制作动画的过程中，插入帧和关键帧是很有必要的，因为动画都是由帧组成的。下面介绍如何插入帧和关键帧。

1. 插入帧

每个动画都是由许多帧组成的，下面介绍如何插入帧。

◎ 在菜单栏中选择【插入】|【时间轴】|【帧】命令，即可插入帧，如图3-55所示。

◎ 按 F5 键，插入帧。

◎ 在时间轴上选择要插入帧的位置，单击

鼠标右键，在弹出的快捷菜单中选择【插入帧】命令，如图 3-56 所示。

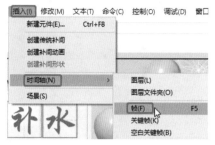

图 3-55

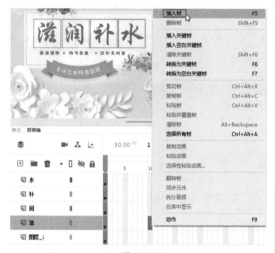

图 3-56

2. 插入关键帧

插入关键帧的方法如下。

◎ 在菜单栏中选择【插入】|【时间轴】|【关键帧】命令，如图 3-57 所示。

图 3-57

◎ 按 F6 键，插入关键帧。

◎ 在时间轴上选择要插入帧的位置，单击鼠标右键，在弹出的快捷菜单中选择【插入关键帧】命令，如图 3-58 所示。

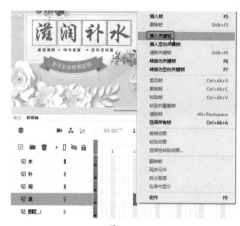

图 3-58

知识链接：插入空白关键帧

在 Animate 中，除了可以插入帧与关键帧外，还可以插入空白关键帧。插入空白关键帧的方法如下。

(1) 在菜单栏中选择【插入】|【时间轴】|【空白关键帧】命令，即可插入空白关键帧。

(2) 在时间轴上选择要插入帧的位置，单击鼠标右键，在弹出的快捷菜单中选择【插入空白关键帧】命令。

(3) 按 F7 键，插入空白关键帧。

3.3.2 帧的删除、移动、复制、转换与清除

可以在【时间轴】面板中对帧进行以下操作。

1. 帧的删除

选取多余的帧，然后使用菜单栏中的【编辑】|【时间轴】|【删除帧】命令，或者单击鼠标右键，在弹出的快捷菜单中选择【删除帧】命令，都可以删除多余的帧。

2. 帧的移动

使用鼠标单击需要移动的帧或关键帧，然后拖动鼠标到目标位置即可，如图 3-59 所示。

图 3-59

3. 复制帧

单击要复制的关键帧，然后按住 Alt 键，将其拖到新的位置，如图 3-60 所示。

图 3-60

除了上述方法外，还有另一种方法。

01 选中要复制的帧并选择【编辑】|【时间轴】|【复制帧】命令，或者单击鼠标右键，在弹出的快捷菜单中选择【复制帧】命令，如图 3-61 所示。

图 3-61

02 选中目标位置，再选择【编辑】|【时间轴】|【粘贴帧】命令，或者单击鼠标右键，在弹出的快捷菜单中选择【粘贴帧】命令，如图 3-62 所示，也可以实现帧的复制。

图 3-62

4. 关键帧的转换

如果要将帧转换为关键帧，可先选择需要转换的帧，然后选择菜单栏中的【修改】|【时间轴】|【转换为关键帧】命令，如图 3-63 所示；或者单击鼠标右键，选择【转换为关键帧】命令，如图 3-64 所示，都可以将帧转换为关键帧。

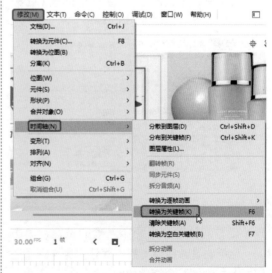

图 3-63

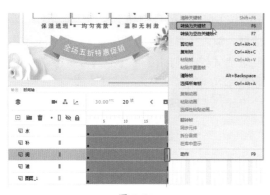

图 3-64

5. 帧的清除

如果需要将帧清除，可以使用以下方法。

使用鼠标单击选择一帧后，在菜单栏中选择【编辑】|【时间轴】|【清除帧】命令进行清除操作，如图 3-65 所示。

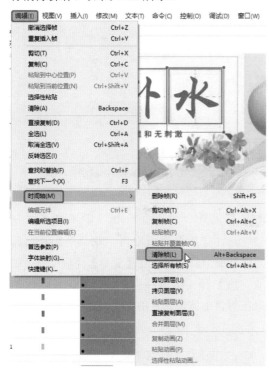

图 3-65

选择需要清除的帧，单击鼠标右键，在弹出的快捷菜单中选择【清除帧】命令，即可清除帧，如图 3-66 所示。

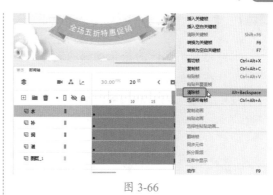

图 3-66

■ 3.3.3　调整空白关键帧

下面介绍如何移动和删除空白关键帧。

1. 移动空白关键帧

移动空白关键帧的方法和移动关键帧完全一致：首先选中要移动的帧或者帧序列，然后将其拖到所需的位置上。

2. 删除空白关键帧

要删除空白关键帧，首先选中要删除的帧或帧序列，然后右击鼠标，并从弹出的快捷菜单中选择【清除关键帧】命令，如图 3-67 所示。

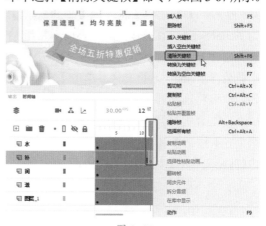

图 3-67

> 提示：【清除关键帧】命令除了可以清除空白关键帧外，还可以清除关键帧。

【实战】 制作旋转的花朵

本例将介绍旋转的花朵动画的制作。该例的制作主要是通过导入序列图片和制作文字动画完成的，效果如图 3-68 所示。

图 3-68

素材	素材 \Cha03\ 花朵背景 .fla、小球 .fla、花朵文件夹
场景	场景 \Cha03\【实战】制作旋转的花朵 .fla
视频	视频教学 \Cha03\【实战】制作旋转的花朵 .mp4

01 新建【宽】、【高】分别为 563 像素、355 像素，【帧速率】为 8，【平台类型】为 ActionScript 3.0 的文档。按 Ctrl+R 组合键弹出【导入】对话框，在该对话框中选择"花朵背景 .jpg"素材文件，单击【打开】按钮，即可将选择的素材文件导入舞台中。按 Ctrl+K 组合键打开【对齐】面板，单击【水平中齐】按钮 █ 和【垂直中齐】按钮 ━，单击【匹配宽和高】按钮 █，效果如图 3-69 所示。

图 3-69

02 按 Ctrl+F8 组合键弹出【创建新元件】对话框，输入【名称】为"花朵"，将【类型】设置为【影片剪辑】，单击【确定】按钮，如图 3-70 所示。

图 3-70

03 按 Ctrl+R 组合键弹出【导入】对话框，选择该对话框"花朵"文件夹中的 0010001 .png 文件，单击【打开】按钮，在弹出的信息提示对话框中单击【是】按钮，即可导入序列图片，如图 3-71 所示。

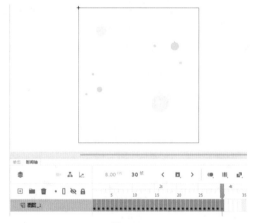

图 3-71

04 返回到"场景 1"中，并新建"图层_2"，在【库】面板中将"花朵"影片剪辑元件拖曳至舞台中，在【变形】面板中将【缩放宽度】和【缩放高度】均设置为 23%，然后在舞台中调整元件的位置，如图 3-72 所示。

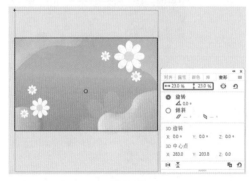

图 3-72

05 在菜单栏中选择【文件】|【打开】命令，在弹出的【打开】对话框中选择"小球.fla"素材文件，单击【打开】按钮，即可打开选择的素材文件，然后按 Ctrl+A 组合键选择所有的对象，并在菜单栏中选择【编辑】|【复制】命令，如图 3-73 所示。

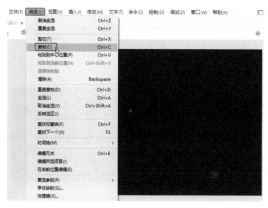

图 3-73

06 返回到当前制作的场景中，新建"图层_3"，然后在菜单栏中选择【编辑】|【粘贴到当前位置】命令，即可将选择的对象粘贴到当前制作的场景中，如图 3-74 所示。

图 3-74

07 按 Ctrl+F8 组合键弹出【创建新元件】对话框，输入【名称】为"文字"，将【类型】设置为【影片剪辑】，单击【确定】按钮，如图 3-75 所示。

图 3-75

08 在工具栏中选择【文本工具】T，在舞台中输入文字，在【属性】面板中将【字体】设置为【方正琥珀简体】，将【大小】设置为 26pt，将【颜色】设置为白色，将 X、Y 均设置为 0，效果如图 3-76 所示。

图 3-76

💡 提示：为了便于观察，将舞台的背景颜色设置为黑色。

09 在【时间轴】面板中选择第 30 帧，按 F6 键插入关键帧，然后单击【新建图层】按钮 ⊞，新建"图层_2"，如图 3-77 所示。

图 3-77

10 在工具栏中选择【矩形工具】，在【属性】面板中将【填充颜色】设置为白色，将【笔触颜色】设置为无，然后在舞台中绘制矩形，效果如图 3-78 所示。

图 3-78

11 确认新绘制的矩形处于选择状态，按 F8 键弹出【转换为元件】对话框，输入【名称】为"矩形"，将【类型】设置为【图形】，【对齐】设置为居中，单击【确定】按钮，如图 3-79 所示。

图 3-79

12 在【时间轴】面板中选择"图层_2"的第 23 帧，按 F6 键插入关键帧，然后在舞台中调整"矩形"图形元件的位置，效果如图 3-80 所示。

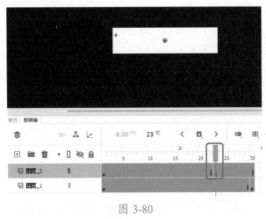

图 3-80

13 选择"图层_2"的第 15 帧，并单击鼠标右键，在弹出的快捷菜单中选择【创建传统补间】命令，即可创建传统补间动画，如图 3-81 所示。

14 在"图层_2"名称上单击鼠标右键，在弹出的快捷菜单中选择【遮罩层】命令，即可创建遮罩动画，效果如图 3-82 所示。

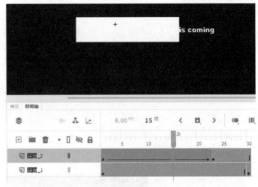

图 3-81

图 3-82

15 在【时间轴】面板中新建"图层_3"，并选择"图层_3"的第 23 帧，按 F6 键插入关键帧，如图 3-83 所示。

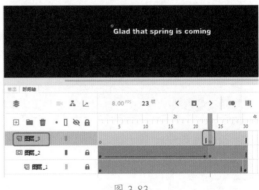

图 3-83

16 在工具栏中选择【文本工具】T，在【属性】面板中将【大小】设置为 18pt，然后在舞台中输入文字，效果如图 3-84 所示。

17 确认输入的文字处于选择状态，按 F8 键弹出【转换为元件】对话框，输入【名称】为"文字1"，将【类型】设置为【图形】，单击【确定】按钮，如图 3-85 所示。

图 3-84

图 3-85

18 按 Ctrl+T 组合键，打开【变形】面板，将【缩放宽度】和【缩放高度】均设置为 10%，在【属性】面板中将【色彩效果】选项组下的【颜色样式】设置为 Alpha，并将 Alpha 值设置为 0%，如图 3-86 所示。

图 3-86

19 在【时间轴】面板中选择"图层_3"的第 30 帧，按 F6 键插入关键帧，然后在【变形】面板中将【缩放宽度】和【缩放高度】均设置为 100%，在【属性】面板中将【色彩效果】选项组下的【颜色样式】设置为无，如图 3-87 所示。

20 在【时间轴】面板中选择"图层_3"的第 25 帧，并单击鼠标右键，在弹出的快捷菜单中选择【创建传统补间】命令，即可创建传统补间动画，效果如图 3-88 所示。

图 3-87

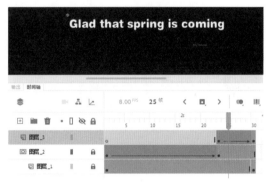

图 3-88

21 选择"图层_3"的第 30 帧，按 F9 键打开【动作】面板，并输入代码 stop();，如图 3-89 所示。

图 3-89

22 返回到"场景 1"中，新建"图层_4"，然后在【库】面板中将【文字】影片剪辑元件拖曳至舞台中，并调整其位置，如图 3-90 所示。至此，完成该动画的制作，然后导出影片并将场景文件保存。

图 3-90

3.4 处理普通帧

动画除了关键帧之外，还有普通帧，下面介绍如何处理普通帧。

■ 3.4.1 延长普通帧

如果要在整个动画的末尾延长几帧，可以先选中要延长到的位置，然后按 F5 键，如图 3-91 所示。这时将把前面关键帧中的内容延续到选中的位置，如图 3-92 所示。

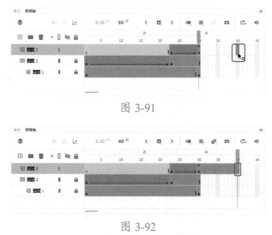

图 3-91

图 3-92

■ 3.4.2 删除普通帧

将光标移到要删除的普通帧上，然后单

击鼠标右键，从快捷菜单中选择【删除帧】命令，如图 3-93 所示。这时将删除选中的普通帧，删除后整个普通帧段的长度减少一格，如图 3-94 所示。

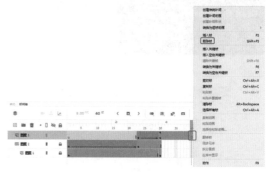

图 3-93

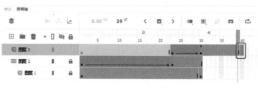

图 3-94

■ 3.4.3 关键帧和转换关键帧

要将关键帧转换为普通帧，首先选中要转换的关键帧，然后单击鼠标右键，在弹出的快捷菜单中选择【转换为关键帧】命令，如图 3-95 所示。另外，还有一种比较常用的方法可以实现这种转换：首先在时间轴上选中要转换的关键帧，然后按 Shift+F6 组合键即可。

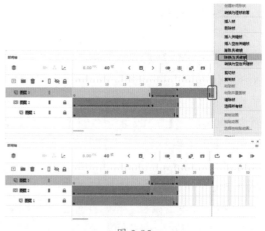

图 3-95

要将普通帧转换为关键帧，实际上就是要插入关键帧。因此选中要转换的普通帧后，按 F6 键即可，如图 3-96 所示。

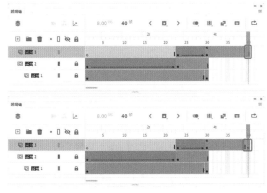

图 3-96

3.5 编辑多个帧

在制作动画的过程中，有时需要对多个帧进行编辑。下面介绍如何对多个帧进行编辑。

■ 3.5.1 选择多个帧

下面介绍如何选择多个帧。

1. 选择多个连续的帧

首先选中一个帧，然后按住 Shift 键的同时单击最后一个要选中的帧，就可以将多个连续的帧选中，如图 3-97 所示。

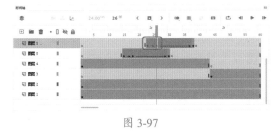

图 3-97

2. 选择多个不连续的帧

按住 Ctrl 键的同时，单击要选中的各个帧，就可以将这些帧选中，如图 3-98 所示。

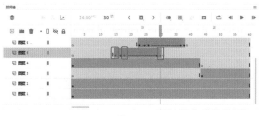

图 3-98

3. 选择所有帧

选中时间轴上的任意一帧，然后选择【编辑】|【时间轴】|【选择所有帧】命令，如图 3-99 所示，就可以选择时间轴中的所有帧，如图 3-100 所示。

图 3-99

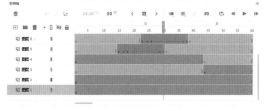

图 3-100

■ 3.5.2 多帧的移动

多帧的移动和移动关键帧的方法相似，其具体操作方法如下。

01 首先选择多个帧，如图 3-101 所示。

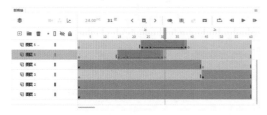

图 3-101

02 按住鼠标向左或向右拖动到目标位置，如图 3-102 所示。

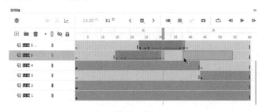

图 3-102

03 松开鼠标，这时关键帧移动到目标位置，同时原来的位置用普通帧补足，如图 3-103 所示。

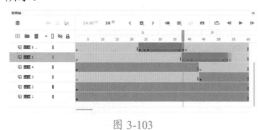

图 3-103

■ 3.5.3 帧的翻转

在制作动画的过程中，有时需要将时间轴内的帧翻转，以达到想要的效果。下面介绍如何将帧翻转。

01 在【时间轴】面板中选择要进行翻转的多个帧，如图 3-104 所示。

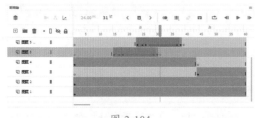

图 3-104

02 在菜单栏中选择【修改】|【时间轴】|【翻转帧】命令，这时时间轴上的帧就发生了翻转，如图 3-105 所示。

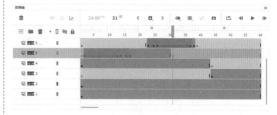

图 3-105

课后项目练习
制作生长的向日葵

本案例将介绍如何制作向日葵生长动画，效果如图 3-106 所示。

课后项目练习效果展示

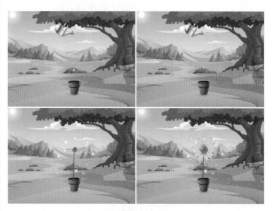

图 3-106

课后项目练习过程概要

01 导入"草地背景.jpg""阳光.png"素材文件，制作出动画背景。

02 导入向日葵生长序列图片，将导入的序列图片制作成影片剪辑元件。

03 导入"水壶.png""水滴.png"素材文件，为导入的素材文件制作水壶倒水效果，从而形成向日葵生长效果。

素材	素材 \Cha03\ 草地背景 .jpg、阳光 .png、水壶 .png、水滴 .png、"生长"文件夹
场景	场景 \Cha03\ 制作生长的向日葵 .fla
视频	视频教学 \Cha03\ 制作生长的向日葵 .mp4

01 新建【宽】、【高】分别为 550 像素、400 像素，【帧速率】为 24，【平台类型】为 ActionScript 3.0 的文档。按 Ctrl+R 组合键，弹出【导入】对话框，选择"草地背景 .jpg"素材文件，单击【打开】按钮，即可将选择的素材文件导入舞台中。按 Ctrl+K 组合键，打开【对齐】面板，勾选【与舞台对齐】复选框，并单击【水平中齐】按钮 ♣ 和【垂直中齐】按钮 ♣，单击【匹配宽和高】按钮 ▐▋，如图 3-107 所示。

图 3-107

02 选中"图层 _1"的第 60 帧，按 F5 键插入帧，如图 3-108 所示。

图 3-108

03 在【时间轴】面板中单击【新建图层】按钮，新建"图层 _2"，按 Ctrl+R 组合键，在弹出的对话框中选择"阳光 .png"素材文件，单击【打开】按钮，在舞台中调整该对象的位置，效果如图 3-109 所示。

图 3-109

04 按 Ctrl+F8 组合键，在弹出的对话框中将【名称】设置为"生长"，将【类型】设置为【影片剪辑】，如图 3-110 所示。

图 3-110

05 设置完成后，单击【确定】按钮。按 Ctrl+R 组合键，在弹出的对话框中选择"生长"文件夹中的 0010001.png 素材文件，单击【打开】按钮，在弹出的对话框中单击【是】按钮，即可导入选中的素材文件，效果如图 3-111 所示。

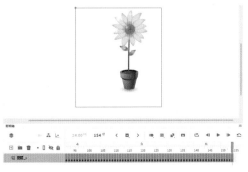

图 3-111

06 新建"图层 _2"，选中第 154 帧，按 F6 键插入关键帧，并输入 stop(); 代码。返回至"场景 1"中，在【时间轴】面板中单击【新建图层】按钮，新建"图层 _3"，选择第 44 帧，按 F6 键插入关键帧，在【库】面板中选择"生长"影片剪辑元件，按住鼠标将其拖曳至舞台中，在【属性】面板中将【宽】、【高】分别设置为 262、289.65，将 X、Y 分别设置为 124.5、110.35，如图 3-112 所示。

图 3-112

07 在【时间轴】面板中单击【新建图层】按钮，新建"图层_4"，在【库】面板中选择 0010001.png 素材文件，按住鼠标将其拖曳至舞台中。在【属性】面板中将【宽】、【高】分别设置为 262、289.65，将 X、Y 分别设置为 125、110，效果如图 3-113 所示。

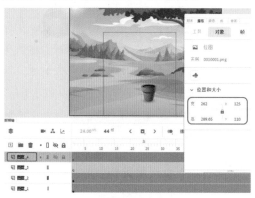

图 3-113

08 选中"图层_4"的第 44 帧，右击鼠标，在弹出的快捷菜单中选择【插入空白关键帧】命令，如图 3-114 所示。

图 3-114

09 在菜单栏中选择【文件】|【导入】|【导入到库】命令，在弹出的对话框中选择"水滴.png"和"水壶.png"素材文件，单击【打开】按钮。在【时间轴】面板中单击【新建图层】按钮，新建"图层_5"，选择第 15 帧，按 F6 键插入关键帧，将"水滴.png"素材文件拖曳至舞台中，并调整其大小与位置，如图 3-115 所示。

图 3-115

10 选中该图像，按 F8 键，在弹出的对话框中将【名称】设置为"水滴"，将【类型】设置为【图形】，如图 3-116 所示。

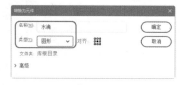

图 3-116

11 设置完成后，单击【确定】按钮，选中该元件，在【属性】面板中将【色彩效果】选项组中的【颜色样式】设置为 Alpha，将 Alpha 设置为 10%，如图 3-117 所示。

图 3-117

12 在【时间轴】面板中选择"图层_5"的第 18 帧，按 F6 键，插入关键帧，在【属性】面板中将 Alpha 设置为 100%，如图 3-118 所示。

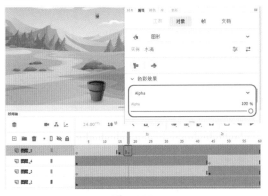

图 3-118

13 选择该图层的第 16 帧，右击鼠标，在弹出的快捷菜单中选择【创建传统补间】命令，如图 3-119 所示。

图 3-119

14 选中第 30 帧，按 F6 键插入关键帧，选中该帧上的元件，在【属性】面板中将 X 设置为 285.95，将 Y 设置为 290，如图 3-120 所示。

15 选中第 25 帧，右击鼠标，在弹出的快捷菜单中选择【创建传统补间】命令，创建传统补间后的效果如图 3-121 所示。

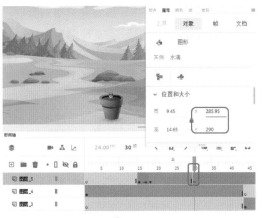

图 3-120

图 3-121

16 选中第 31 帧，按 F7 键插入空白关键帧，将"图层_5"复制两次，并调整关键帧的位置，调整后的效果如图 3-122 所示。

图 3-122

17 在【时间轴】面板中单击【新建图层】按钮，在【库】面板中选择"水壶.png"，按住鼠标将其拖曳至舞台中，并调整其大小和位置，按 F8 键将其转换为图形元件，如图 3-123 所示。

图 3-123

18 选中该图层的第 15 帧，按 F6 键插入关键帧，在【变形】面板中将【旋转】设置为 31°，如图 3-124 所示。

图 3-124

19 选择该图层的第 10 帧，右击鼠标，在弹出的快捷菜单中选择【创建传统补间】命令，如图 3-125 所示。

图 3-125

20 在【时间轴】面板中选择第 43 帧，按 F6 键插入关键帧，然后选择第 45 帧，按 F6 键插入关键帧，选中该帧上的元件，在【属性】面板中将【色彩效果】选项组中的【颜色样式】设置为 Alpha，将 Alpha 设置为 0%，如图 3-126 所示。

图 3-126

21 选中第 44 帧，右击鼠标，在弹出的快捷菜单中选择【创建传统补间】命令，创建传统补间后的效果如图 3-127 所示。

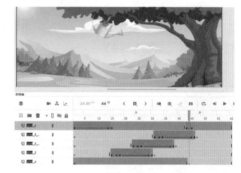

图 3-127

22 在【时间轴】面板中单击【新建图层】按钮，选中该图层的第 60 帧，按 F6 键插入关键帧。选中该关键帧，按 F9 键，在弹出的面板中输入 stop();，如图 3-128 所示，关闭该面板，将完成后的场景导出并保存即可。

图 3-128

第04章

制作匆匆那年片头动画——文本的编辑与应用

本章导读：

  本章主要介绍如何使用和设置文本工具，包括在舞台中输入文本，并在【属性】面板中对文本的类型、位置、大小、字体、段落进行设置，对文本进行编辑和分离，给文本添加不同的滤镜效果，字体元件的创建和使用。

【案例精讲】
制作匆匆那年片头动画

为了更好地完成本设计案例，现对制作要求及设计内容做如下规划，效果如图 4-1 所示。

作品名称	制作匆匆那年片头动画
作品尺寸	1000 像素 ×660 像素
设计创意	本例主要制作文字放大的效果，通过本案例的学习，可以对为文本创建传统补间动画的方法有进一步的了解
主要元素	(1) 02.jpg (2) 04.jpg (3) 07.jpg (4) 09.jpg (5) 文字
应用软件	Adobe Animate 2020
素材	素材 \Cha04\02.jpg、04.jpg、07.jpg、09.jpg
场景	场景 \Cha04\【案例精讲】制作匆匆那年片头动画 .fla
视频	视频教学 \Cha04\【案例精讲】制作匆匆那年片头动画 .mp4
匆匆那年片头动画效果欣赏	

图 4-1

01 新建【宽】、【高】分别为 1000 像素、660 像素，【帧速率】为 12，【平台类型】为 ActionScript 3.0 的文档，在菜单栏中选择【文件】|【导入】|【导入到库】命令，在弹出的对话框中选择"素材 \Cha04\02.jpg、04.jpg、07.jpg、09.jpg"素材文件，单击【打开】按钮，将

素材文件导入库中。打开【库】面板,将素材"02.jpg"拖曳到舞台中,然后在【对齐】面板中确认勾选【与舞台对齐】复选框,单击【水平居中】按钮 ■、【垂直居中】按钮 ■ 和【匹配宽和高】按钮 ■,如图 4-2 所示。

图 4-2

02 在【时间轴】面板中选择"图层_1"的第 98 帧,按 F5 键插入帧,如图 4-3 所示。

图 4-3

03 单击【时间轴】面板中的【新建图层】按钮 ⊞,新建"图层_2"。选择"图层_2"的第 20 帧,按 F6 键插入关键帧,并打开【库】面板,将素材 04.jpg 拖入舞台中,然后在【对齐】面板中单击【水平居中】按钮、【垂直居中】按钮和【匹配宽和高】按钮,如图 4-4 所示。

图 4-4

04 在舞台中确认选中素材,按 F8 键,在弹出的【转换为元件】对话框中保持默认设置,

将【类型】设置为【图形】,单击【确定】按钮,如图 4-5 所示。

图 4-5

05 选择"图层_2"的第 20 帧并在舞台中选中元件,打开【属性】面板,将【色彩效果】选项组中的【颜色样式】设置为 Alpha,将 Alpha 设置为 30%,如图 4-6 所示。

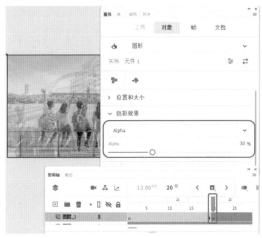

图 4-6

06 选择该图层的第 46 帧,按 F6 键插入关键帧,并选中元件,在【属性】面板中将【颜色样式】设置为无,如图 4-7 所示。

图 4-7

07 在"图层_2"的第 20 帧至第 46 帧之间的任意帧位置右键单击,选择【创建传统补间】命令,如图 4-8 所示。

图 4-8

08 新建"图层_3",选择"图层_3"的第59 帧,按 F6 键插入关键帧。打开【库】面板,将素材 07.jpg 拖入舞台中,然后在【对齐】面板中单击【水平居中】按钮、【垂直居中】按钮和【匹配宽和高】按钮,如图 4-9 所示。

图 4-9

09 在舞台中确认选中素材,按 F8 键,在弹出的【转换为元件】对话框中保持默认设置,将【类型】设置为【图形】,单击【确定】按钮,如图 4-10 所示。

图 4-10

10 选择"图层_3"的第 59 帧并在舞台中选中元件,打开【属性】面板,将【色彩效果】选项组中的【颜色样式】设置为 Alpha,将 Alpha 设置为 30%,如图 4-11 所示。

图 4-11

11 选择该图层的第 87 帧,按 F6 键插入关键帧,并选中元件,在【属性】面板中将【样式】设置为无,如图 4-12 所示。

图 4-12

12 在"图层_3"的第 59 帧至第 87 帧之间的任意帧位置右键单击,并选择【创建传统补间】命令,如图 4-13 所示。

图 4-13

13 新建"图层_4",按 Ctrl+F8 组合键,打开【创建新元件】对话框,在【名称】文本框中输入"文字 1",将【类型】设置为【影片剪辑】,单击【确定】按钮,如图 4-14 所示。

图 4-14

14 在工具栏中单击【文本工具】按钮 T,在舞台中输入文本"匆匆那年"。选中输入的文本,在【属性】面板中将【字体】设置为【方正行楷简体】,【大小】设置为 66pt,【颜色】设置为白色,如图 4-15 所示。

图 4-15

15 使用同样方法新建名称为"文字 2""文字 3""文字 4""文字 5"的元件,并在相应的元件中,分别输入"唯有青春""依然""在记忆中""美丽"文本,设置属性,在【库】面板中查看新建的元件效果,如图 4-16 所示。

图 4-16

16 将各个元件创建完成后,在左上角单击 ← 按钮,返回到场景中。选中"图层_4",并在【库】面板中将"文字 1"元件拖至舞台中,调整元件的位置。使用【选择工具】,选中插入的元件,在【属性】面板中,单击【添加滤镜】按钮 +,选择【模糊】命令,将【模糊】选项下的【模糊 X】和【模糊 Y】都设置为 66,如图 4-17 所示。

图 4-17

17 选中"图层_4"的第 26 帧,按 F6 键插入关键帧,将元件的【模糊 X】和【模糊 Y】都设置为 0,如图 4-18 所示。

图 4-18

18 在该图层的第 1 帧到第 26 帧之间的任意帧位置右键单击,选择【创建传统补间】命令,如图 4-19 所示。

图 4-19

19 新建"图层_5",并选择第 37 帧插入关键帧,在【库】面板中将"文字 2"元件拖曳到舞台中。使用【选择工具】选择舞台中的"文字 2"元件,在【属性】面板中为其添加【模糊】滤镜,并将【模糊 X】和【模糊 Y】都设置为 66,在【变形】面板中,将【缩放宽度】和【缩放高度】都设置为 150%,最后将其调整至合适位置,如图 4-20 所示。

图 4-20

20 在该图层的第 70 帧处插入关键帧,选中第 70 帧的关键帧并在【属性】面板中将【模糊 X】和【模糊 Y】都设置为 0,在【变形】面板中将元件的【缩放宽度】和【缩放高度】都设置为 100%,如图 4-21 所示。设置完成后,在该图层的第 37 帧到第 70 帧之间的任意帧位置右键单击,并选择【创建传统补间】命令。

21 新建"图层_6",选择第 288 帧,按 F5 键添加关键帧。选择该图层的第 95 帧并插入关键帧,在【库】面板中将 09.jpg 素材拖至舞台中,然后在【对齐】面板中单击【水平居中】

按钮、【垂直居中】按钮和【匹配宽和高】按钮,如图 4-22 所示。

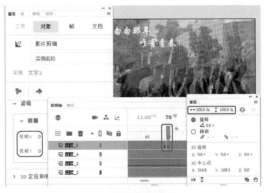

图 4-21

图 4-22

22 在舞台中确认选中素材,按 F8 键,在弹出的【转换为元件】对话框中使用默认名称,将【类型】设置为【图形】,单击【确定】按钮,如图 4-23 所示。

图 4-23

23 选择"图层_6"的第 95 帧并在舞台中选中元件,打开【属性】面板,将【色彩效果】选项组中的【颜色样式】设置为 Alpha,将 Alpha 设置为 30%,如图 4-24 所示。

24 选择该图层的第 110 帧,按 F6 键插入关键帧,并选中元件,在【属性】面板中将【颜色样式】设置为无，如图 4-25 所示。

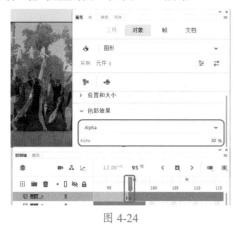

图 4-24

图 4-25

25 在"图层 _6"的第 95 帧至第 110 帧之间的任意帧位置右键单击，并选择【创建传统补间】命令。新建"图层 _7"，并在第 120 帧处插入关键帧，在【库】面板中将"文字 3"元件拖曳到舞台中，并将其调整至合适的位置。在【属性】面板中为其添加【模糊】滤镜，将【模糊 X】、【模糊 Y】均设置为 150，如图 4-26 所示。

图 4-26

26 在该图层第 135 帧处插入关键帧，选中第 135 帧的关键帧，并在【属性】面板中将【模糊 X】、【模糊 Y】均设置为 0，如图 4-27 所示。

图 4-27

27 在该图层第 145 帧处插入关键帧，选中第 145 帧的关键帧，并在【变形】面板中将【缩放宽度】、【缩放高度】均设置为 150%，如图 4-28 所示。

图 4-28

28 在该图层第 160 帧处插入关键帧，选中第 160 帧的关键帧，并在【变形】面板中将【缩放宽度】、【缩放高度】均设置为 100%，如图 4-29 所示。

图 4-29

29 分别在"图层_7"的第 120 帧至第 135 帧、第 135 帧至第 145 帧、第 145 帧至第 160 帧之间的任意帧位置创建传统补间，如图 4-30 所示。

图 4-30

30 新建"图层_8"，并选择第 165 帧插入关键帧，在【库】面板中将"文字 4"元件拖曳到舞台中，并调整至合适的位置。在【属性】面板中为其添加【模糊】滤镜，将【模糊 X】、【模糊 Y】均设置为 150，如图 4-31 所示。

图 4-31

31 在该图层第 180 帧处插入关键帧，选中第 180 帧的关键帧，并在【属性】面板中将【模糊 X】、【模糊 Y】均设置为 0，如图 4-32 所示。

图 4-32

32 在该图层第 200 帧处插入关键帧，选中第 200 帧的关键帧，并在【变形】面板中将【缩

放宽度】、【缩放高度】均设置为 150%，如图 4-33 所示。

图 4-33

33 在该图层第 225 帧处插入关键帧，选中第 225 帧的关键帧，并在【变形】面板中将【缩放宽度】、【缩放高度】均设置为 100%，如图 4-34 所示。

图 4-34

34 分别在"图层_8"的第 165 帧至第 180 帧、第 180 帧至第 200 帧、第 200 帧至第 225 帧之间的任意帧位置创建传统补间，如图 4-35 所示。

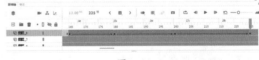

图 4-35

35 新建"图层_9"，并选择第 226 帧插入关键帧，在【库】面板中将"文字 5"元件拖曳到舞台中。在【属性】面板中为其添加【模糊】滤镜，将【模糊 X】、【模糊 Y】均设置为 150，在【变形】面板中将【缩放宽度】、【缩放高度】均设置为 200%，并调整至合适的位置，如图 4-36 所示。

图 4-36

36 在该图层第 270 帧处插入关键帧，选中第 270 帧的关键帧，并在【属性】面板中将【模糊 X】、【模糊 Y】均设置为 0，在【变形】面板中将【缩放宽度】、【缩放高度】均设置为 125%，如图 4-37 所示，适当调整缩放后的文字。

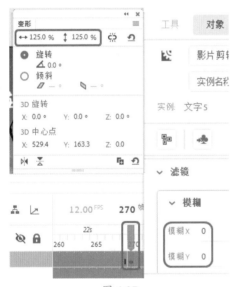

图 4-37

37 在"图层 _9"的第 226 帧至第 270 帧之间的任意帧位置创建传统补间。新建"图层 _10"，选择该图层的第 288 帧，按 F6 键插入关键帧，按 F9 键打开【动作】面板，输入代码 stop();，如图 4-38 所示，输入完成后关闭该面板即可。

图 4-38

38 关闭面板后按 Ctrl+Enter 组合键，测试动画效果，如图 4-39 所示。

图 4-39

4.1 文本工具

利用【文本工具】可以在 Animate 2020 影片中添加各种文字，文字是影片中很重要的组成部分，因此熟练使用【文本工具】也是掌握 Animate 2020 的重要内容。合理使用文本工具，可以使 Animate 2020 动画更加丰富多彩。

■ 4.1.1 文本工具的属性

使用【文本工具】T 的操作步骤如下。

单击工具栏中的【文本工具】按钮 T，当鼠标指针变为字母 T，且左上方有一个十字时，在工作区中输入需要的文本内容即可。

在 Animate 2020 中，【文本工具】是用来输入和编辑文本的。文本和文本输入框处于绘画层的顶层，这样处理的优点是既不会因文本而搞乱图像，也便于输入和编辑文本。

文本的属性包括文本的平滑处理、文本字体大小、文本颜色和文本框的类型等。【文本工具】的【属性】面板如图 4-40 所示，其中的选项及参数说明如下。

图 4-40

◎ 【实例行为】：用来设置所绘文本框的类型，有三个选项，分别为【静态文本】、【动态文本】和【输入文本】。

◎ 【改变文本方向】：使用此工具可以改变当前文本的方向，有【水平】、【垂直】、【垂直，从左向右】三种方向。

◎ 【位置和大小】：X、Y 用于指定文本在舞台中的 X 坐标和 Y 坐标 (在静态文本类型下调整 X、Y 坐标无效)，【宽】设置文本块区域的宽度，【高】设置文本块区域的高度 (静态文本不可用)，【将宽度值和高度值锁定在一起】按钮 为断开长宽比的锁定，单击 后将变成 ，即将长宽比锁定，这时若调整宽度或高度，

与其相关联的高度或宽度也随之改变。

◎ 【字符】：设置字体属性。

　◇ 【字体】：可以选择文本的字体。

　◇ 【样式】：从中可以选择 Regular(正常)、Italic(斜体)、Bold(粗体)、Bold Italic(粗体、斜体) 选项，设置文本样式。

　◇ 【大小】：设置文字的大小。

　◇ 【字距】：可以使用它调整选定字符或整个文本块的间距。可以在其文本框中输入 -60 ~ +60 的数字，单位为磅，也可以通过右边的滑块进行设置。

　◇ 【自动调整字距】：要使用文本的内置字距微调信息来调整字符间距，可以勾选【自动调整字距】复选框。对于水平文本，【自动调整字距】设置了字符间的水平距离；对于垂直文本，【自动调整字距】设置了字符间的垂直距离。

　◇ 【填充颜色】：设置文本的填充颜色。

　◇ 【填充 Alpha】：设置文本的透明度。

　◇ 【呈现】：为字体呈现方法，利用【属性】面板中的五种不同选项，来设置文本边缘的锯齿，以便更清楚地显示较小的文本。

　　☆ 【使用设备字体】：此选项生成一个较小的 SWF 文件。此选项使用最终用户计算机上当前安装的字体来呈现文本。

　　☆ 【位图文本 [无消除锯齿]】：此选项生成明显的文本边缘，没有消除锯齿。因为此选项生成的 SWF 文件中包含字体轮廓，所以生成一个较大的 SWF 文件。

　　☆ 【动画消除锯齿】：此选项生成可顺畅进行动画播放的消除锯齿文本。因为在文本动画播放时没有应用对齐和消除锯齿，所以在

某些情况下，文本动画还可以更快地播放。在使用带有许多字母的大字体或缩放字体时，可能看不到性能上的提高。因为此选项生成的 SWF 文件中包含字体轮廓，所以生成一个较大的 SWF 文件。

☆ 【可读性消除锯齿】：此选项使用高级消除锯齿引擎，提供了品质更高、更易读的文本。因为此选项生成的文件中包含字体轮廓，以及特定的消除锯齿信息，所以生成最大的 SWF 文件。

☆ 【自定义消除锯齿】：此选项与【可读性消除锯齿】选项相同，但是可以直观地操作消除锯齿参数，以生成特定外观。此选项在为新字体或不常见的字体生成最佳的外观方面非常有用。

◇ 【切换下标】 T_1：将文字切换为下标显示。

◇ 【切换上标】 T^1：将文字切换为上标显示。

◇ 【可选】：选中此按钮能够在影片播放的时候选择动态文本或者静态文本，取消选中此按钮将阻止用户选择文本。选取文本后，单击右键可弹出一个快捷菜单，从中可以选择剪切、复制、粘贴、删除等命令。

◎ 【滤镜】：为文本添加滤镜效果。

◎ 【段落】：可以设置多行文本的对齐方式，分别包括【左对齐】、【居中对齐】、【右对齐】、【两端对齐】；也可以设置文本在段落中的距离或间隔量，分别包括【缩进】、【行距】、【左边距】、【右边距】。

◎ 【选项】：在【链接】中可以将动态文本框和静态文本框中的文本设置为超链接，只需要在 URL 文本框中输入要链接到的 URL 地址即可，然后还可以在【目标】下拉列表框中对超链接属性进行设置。

■ 4.1.2　文本的类型

在 Animate 2020 中可以创建三种不同类型的文本字段：静态文本字段、动态文本字段和输入文本字段，所有文本字段都支持 Unicode 编码。

1. 静态文本

在默认情况下，使用【文本工具】 T 创建的文本框为静态文本框，用静态文本框创建的文本在影片播放过程中是不会改变的。要创建静态文本框，首先选取【文本工具】，然后在舞台上拉出一个固定大小的文本框，或者在舞台上单击鼠标进行文本的输入。绘制好的静态文本框没有边框。

不同类型的文本框的【属性】面板不太相同，这些属性的异同也体现了不同类型文本框之间的区别。静态文本框的【属性】面板如图 4-41 所示。

图 4-41

2. 动态文本

使用动态文本框创建的文本是可以变化的。动态文本框中的内容可以在影片制作过程中输入，也可以在影片播放过程中设置动态变化。通常的做法是使用 ActionScript 对动态文本框中的文本进行控制，这样就大大增强了影片的灵活性。

要创建动态文本框，首先要在舞台上拉出一个固定大小的文本框，或者在舞台上单击鼠标进行文本的输入，接着从动态文本框【属性】面板的【文本类型】下拉列表框中选择【动态文本】选项。绘制好的动态文本框会有一个黑色的边界。动态文本框的【属性】面板如图 4-42 所示。

图 4-42

3. 输入文本

输入文本也是应用比较广泛的一种文本类型，用户可以在影片播放过程中即时地输入文本，一些用 Animate 2020 制作的留言簿和邮件收发程序都大量使用了输入文本。

要创建输入文本框，首先在舞台上拉出一个固定大小的文本框，或者在舞台上单击鼠标进行文本的输入。接着从输入文本框【属性】面板中的【文本类型】下拉列表框中选择【输入文本】选项。输入文本框的【属性】面板如图 4-43 所示。

图 4-43

4.2 编辑文本

本节将要讲解关于编辑文本的相关操作，文本的编辑、修改文本、文本的分离等操作可以使文档内容更加丰富，同时可以增强影片的灵活性。

■ 4.2.1 文本的编辑

在编辑文本之前，要用【文本工具】单

击要进行处理的文本框(将其突出显示),然后即可对它进行插入、删除、改变字体和颜色等操作。由于输入的文本都是以组为单位的,所以用户可以使用【选择工具】或【变形工具】对其进行移动、旋转、缩放和倾斜等简单的操作。

将文本对象作为一个整体进行编辑的操作步骤如下。

01 在工具栏中单击【选择工具】按钮 ▶。

02 将鼠标指针移到场景中,然后单击舞台中的任意文本块,这时文本块四周会出现一个蓝色轮廓,表示此文本已被选中。

03 接下来就可以使用【选择工具】调整、移动、旋转或对齐文本对象了,其方式与编辑其他元件相同,如图 4-44 所示。

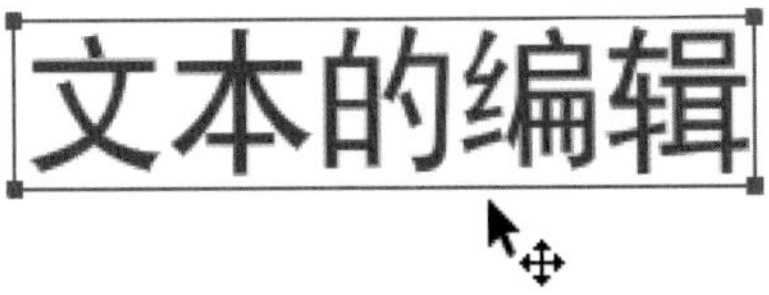

图 4-44

如果要编辑文本对象中的个别文字,其操作步骤如下。

01 在工具栏中单击【选择工具】或者【文本工具】。

02 将鼠标指针移动到舞台中,选择要修改的文本块,就可将其置于文本编辑模式下。如果用户选取的是【文本工具】,则只需单击要修改的文本块,就可将其置于文本编辑模式下。这样用户就可以通过对个别文字的选择,来编辑文本块中的单个字母、单词或段落了。

03 在文本编辑模式下,对文本进行修改即可。

4.2.2 修改文本

(1) 若要添加或删除内容,操作如下。

在绘制窗口中输入文字,并在工具栏中单击【选择工具】按钮,在创建的文本对象上双击,文本将自动变更为可编辑模式,此时即可修改内容,可以在文本框内添加或删除内容,如图 4-45 所示。

图 4-45

(2) 若要扩展文本输入框,操作如下。

可扩展文本输入框为圆形控制手柄,限制范围的文本输入框为方形控制手柄。两种不同的文本输入框之间可以互相转换。若将可扩展输入框转换为限制范围输入框,只需拖动右上角的圆形控制手柄至需要的位置即可;若将限制范围输入框转换为可扩展输入框,只需按住 Shift 键,然后用鼠标双击右上角的方形控制手柄即可。

单击文本之外的部分,退出文本内容修改模式,文本将不可编辑。如果需要调整文本的属性,可使用工具栏中的【选择工具】选择需要设置的文本,若文本周围出现蓝色实线框即可对其设置需要的属性,如图 4-46 所示,通过【属性】面板对文本属性进行设置即可。

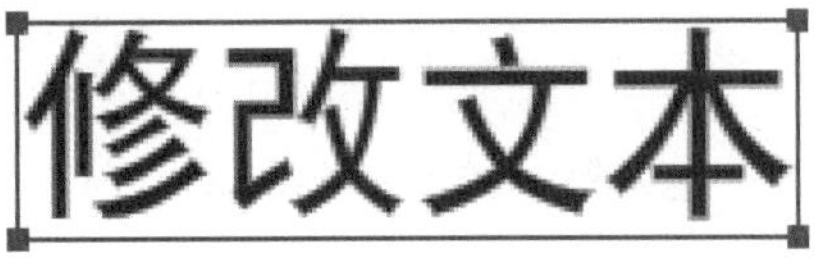

图 4-46

4.2.3 文本的分离

文本可以分离为单独的文本块,还可以将文本分散到各个图层中。

1. 分离文本

文本在 Animate 2020 动画中是作为单独的对象使用的,但有时需要把文本当作图形来使用,以便使这些文本具有更多的变换效果,这时就需要将文本对象进行分解。下面将文本分离为单独的文本块。

01 在工具栏中单击【选择工具】按钮 ▶，单击需要编辑的文本，如图 4-47 所示。

图 4-47

02 在菜单栏中选择【修改】|【分离】命令或按 Ctrl+B 组合键，这样文本中的每个字将分别位于一个单独的文本块中，如图 4-48 所示。

图 4-48

2. 分散到图层

分离文本后，可以迅速地将文本分散到各个图层。

选择【修改】|【时间轴】|【分散到图层】命令，如图 4-49 所示，这时将把文本块分散到自动生成的图层中，如图 4-50 所示，然后就可以分别为每个文本块制作动画了。

图 4-49

图 4-50

3. 转换为图形

用户还可以将文本转换为组成它的线条和填充，以便对其进行改变形状、擦除和其他操作。选中文本，然后两次选择【修改】|【分离】命令，即可将舞台上的字符转换为图形，如图 4-51 所示。

图 4-51

【实战】 制作风吹文字动画

本案例将介绍如何制作风吹文字。本案例主要通过将输入的文字转换为元件，然后通过调整其参数为其创建传统补间，从而完成风吹文字的制作，完成后的效果如图 4-52 所示。

图 4-52

素材	素材 \Cha04\ 圣诞节背景 .jpg
场景	场景 \Cha04\【实战】制作风吹文字动画 .fla
视频	视频教学 \Cha04\【实战】制作风吹文字动画 .mp4

01 新建【宽】、【高】分别为 600 像素、400 像素，【帧速率】为 24，【平台类型】为 ActionScript 3.0 的空白文档。在【属性】面板中将舞台的【背景颜色】设置为 ##99CC00，按 Ctrl+R 组合键，在弹出的对话框中选择"素材 \Cha04\ 圣诞节背景 .jpg"素材文件，单击【打开】按钮，并使素材与舞台大小相同，如图 4-53 所示。

图 4-53

02 按 Ctrl+F8 组合键，弹出【创建新元件】对话框，将【名称】设置为"文字动画"，将【类型】设置为【影片剪辑】，单击【确定】按钮，如图 4-54 所示。

图 4-54

03 在工具栏中单击【文本工具】按钮 T，在舞台中输入文本并将其选中，在【属性】面板中将【字体】设置为【汉仪行楷简】，【大小】设置为 100pt，【填充颜色】设置为白色，如图 4-55 所示。

💡 提示：为了方便观察效果，可以将背景颜色设置为其他颜色。

04 设置完成后，在工具栏中单击【选择工具】按钮 ▶，选中输入的文本，按 Ctrl+B 组合键分离文字，效果如图 4-56 所示。

图 4-55

图 4-56

05 选中第一个文字，按 F8 键，弹出【转换为元件】对话框，使用默认名称，将【类型】设置为【影片剪辑】，单击【确定】按钮，如图 4-57 所示。

图 4-57

06 使用同样的方法将其他文字转换为元件，转换完成后，选中"元件 1"，右击鼠标，在弹出的快捷菜单中选择【编辑】命令，然后在各个元件场景中调整文字位置，完成后的效果如图 4-58 所示。

07 进入"文字动画"元件的编辑场景，只保留"圣"文字，将多余文字删除。在"图层 _1"的第 119 帧位置按 F5 键插入帧，在工具栏中单击【任意变形工具】按钮 ，选中第 1 帧，将文字圆形手柄调整至中间位置，并调整文字的位置、旋转、翻转。在第 12 帧的位置按 F6 键插入关键帧，确认选中第 12 帧，再次使用【任意变形工具】调整文字的位置、旋转、翻转，如图 4-59 所示。

图 4-58

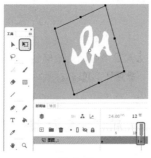

图 4-59

08 使用同样的方法，在第 23、34、45、56、67、78、89、100、111 帧的位置插入关键帧，在不同关键帧处调整文字的位置、旋转和翻转，并在关键帧与关键帧之间建创建传统补间，如图 4-60 所示。使文字在该图层中呈现被风从左向右吹的效果。

图 4-60

09 新建图层，在【库】面板中将第 2 个元件拖至舞台中，调整好位置，并在第 12 帧的位置插入关键帧，如图 4-61 所示。

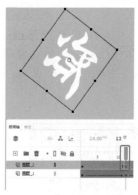

图 4-61

10 在第 23 帧的位置插入关键帧，并在舞台中调整位置，使用同样方法插入关键帧并调整元件的位置。使用同样方法新建其他图层并分别拖入元件调整位置制作动画，效果如图 4-62 所示。

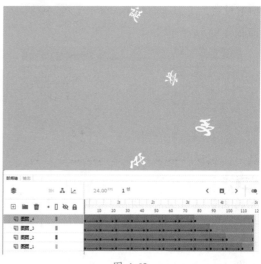

图 4-62

11 新建图层，选择第 119 帧并按 F6 键插入关键帧，按 F9 键，打开【动作】面板并输入 stop();，如图 4-63 所示。

12 输入完成后将【动作】面板关闭。制作完成后，在左上角单击 按钮，返回场景，新建图层，在【库】面板中将"文字动画"元件拖至舞台中，使用【任意变形工具】调整大小和位置，如图 4-64 所示。

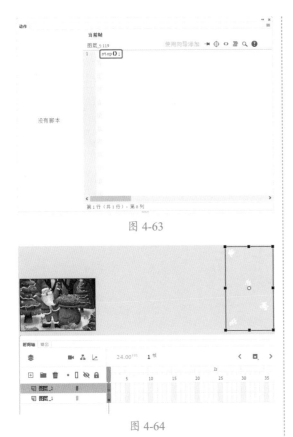

图 4-63

图 4-64

图 4-65

13 调整完成后，打开【属性】面板，为"图层_2"添加【投影】和【发光】滤镜。将【发光】选项组中的【模糊 X】、【模糊 Y】均设置为 1.5，【强度】设置为 40%，【颜色】设置为#FFFFFF；将【投影】选项组中的【模糊 X】、【模糊 Y】均设置为 10，【距离】设置为 3，【强度】设置为 40%，将【角度】设置为 45°，【阴影颜色】设置为 #FFFFFF，如图 4-65 所示。

14 设置完成后，按 Ctrl+Enter 组合键，测试动画效果，如图 4-66 所示。

图 4-66

4.3 应用文本滤镜

应用文本滤镜可以使文本展示效果更加立体，更加生动。本节将要讲解如何应用文本滤镜。

4.3.1 为文本添加滤镜效果

应用滤镜后，可以随时改变其选项，或者重新调整滤镜顺序以实现组合效果，用滤镜可以实现斜角、投影、发光、模糊、渐变发光、渐变模糊和调整颜色等多种效果。可以直接在【滤镜】面板中对所选对象应用滤镜。

使用如图 4-67 所示的【滤镜】选项组，可以对选定的对象应用一个或多个滤镜。对象每添加一个新的滤镜，就会出现在该对象所应用的滤镜列表中。可以对一个对象应用多个滤镜，也可以删除以前应用的滤镜。

图 4-67

在【滤镜】选项组中可以进行启用、禁用或者删除滤镜等操作，如图 4-68 所示。删除滤镜时，对象恢复原来的外观。通过选择对象，可以查看应用于该对象的滤镜。

图 4-68

4.3.2　投影滤镜

使用投影滤镜可以模拟对象向一个表面投影的效果，或者在背景中剪出一个形似对象的洞，来模拟对象的外观。单击【滤镜】选项组中的【添加滤镜】按钮 +，在弹出的菜单中选择【投影】选项，如图 4-69 所示，滤镜参数如图 4-70 所示。

图 4-69

图 4-70

◎　【模糊 X】、【模糊 Y】：设置投影的宽度和高度。

◎　【强度】：设置阴影暗度。数值越大，阴影就越暗。

◎　【角度】：输入一个值来设置阴影的角度。

◎　【距离】：设置阴影与对象之间的距离。

◎　阴影颜色：打开色板，然后设置阴影颜色。

◎　【挖空】：挖空 (即从视觉上隐藏) 原对象，并在挖空图像上只显示投影。

◎ 【内阴影】：在对象边界内应用阴影。

◎ 【隐藏对象】：隐藏对象，并只显示其阴影。

◎ 颜色：打开【颜色】窗口，然后设置阴影颜色。

◎ 【品质】：选择投影的质量级别。把质量级别设置为【高】就近似于高斯模糊。建议把质量级别设置为【低】，以实现最佳的回放性能。

投影的效果如图 4-71 所示。

图 4-71

■ 4.3.3　模糊滤镜

使用模糊滤镜可以柔化对象的边缘和细节。将模糊应用于对象，可以让它看起来好像位于其他对象的后面，或者使对象看起来好像是运动的，滤镜参数如图 4-72 所示。

图 4-72

◎ 【模糊 X】、【模糊 Y】：设置模糊的宽度和高度。

◎ 【品质】：选择模糊的质量级别。把质量级别设置为【高】就近似于高斯模糊。建议把质量级别设置为【低】，以实现

最佳的回放性能。

模糊的效果如图 4-73 所示。

图 4-73

■ 4.3.4　发光滤镜

使用发光滤镜可以为对象的整个边缘应用颜色，滤镜参数如图 4-74 所示。

图 4-74

◎ 【模糊 X】、【模糊 Y】：设置发光的宽度和高度。

◎ 【强度】：设置发光的清晰度。

◎ 阴影颜色：打开色板，然后设置发光颜色。

◎ 【内发光】：在对象边界内应用发光。

◎ 【挖空】：挖空（即从视觉上隐藏）原对象，并在挖空图像上只显示发光。

◎ 【品质】：选择发光的质量级别。把质量级别设置为【高】就近似于高斯模糊。建议把质量级别设置为【低】，以实现最佳的回放性能。

发光的效果如图 4-75 所示。

图 4-75

■ 4.3.5 斜角滤镜

应用斜角，就是为对象应用加亮效果，使其看起来凸出于背景表面。可以创建内斜角、外斜角或者完全斜角。滤镜参数如图4-76所示。

图 4-76

◎ 【模糊 X】、【模糊 Y】：设置斜角的宽度和高度。

◎ 【强度】：设置斜角的不透明度，不影响其宽度。

◎ 【角度】：拖动角度盘或输入值，更改斜边投下的阴影角度。

◎ 【距离】：输入值来定义斜角的宽度。

◎ 阴影颜色：打开色板，然后设置斜角的阴影颜色。

◎ 【挖空】：挖空（即从视觉上隐藏）原对象，并在挖空图像上只显示斜角。

◎ 【加亮显示】：选择斜角的加亮颜色。

◎ 【类型】：选择要应用到对象的斜角类型。可以选择内斜角、外斜角或者完全斜角。

◎ 【品质】：选择斜角的质量级别。把质量级别设置为【高】就近似于高斯模糊。建议把质量级别设置为【低】，以实现最佳的回放性能。

斜角的效果如图4-77所示。

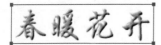

图 4-77

■ 4.3.6 渐变发光滤镜

应用渐变发光，可以在发光表面产生带渐变颜色的发光效果。渐变发光要求选择一种颜色作为渐变开始的颜色，该颜色的 Alpha 值为 0。用户无法移动此颜色的位置，但可以改变该颜色，滤镜参数如图4-78所示。

图 4-78

◎ 【模糊 X】、【模糊 Y】：设置发光的宽度和高度。

◎ 【强度】：设置发光的不透明度，不影响其宽度。

◎ 【角度】：拖动角度盘或输入值，更改发光投下的阴影角度。

◎ 【距离】：设置阴影与对象之间的距离。

◎ 【渐变】：包含两种或多种可相互淡入或混合的颜色。

◎ 【挖空】：挖空（即从视觉上隐藏）原对象，并在挖空图像上只显示渐变发光。

◎ 【类型】：从下拉列表框中选择要为对象应用的发光类型。可以选择【内侧】、【外侧】或者【整个】选项。

◎ 【品质】：选择渐变发光的质量级别。把质量级别设置为【高】就近似于高斯模糊。建议把质量级别设置为【低】，以实现最佳的回放性能。

渐变发光的效果如图4-79所示。

图 4-79

4.3.7　渐变斜角滤镜

应用渐变斜角滤镜，可以产生一种凸起效果，使对象看起来好像从背景上凸起，且斜角表面有渐变颜色。渐变斜角要求渐变的中间有一个颜色的 Alpha 值为 0，滤镜参数如图 4-80 所示。

图 4-80

◎ 【模糊 X】、【模糊 Y】：设置斜角的宽度和高度。

◎ 【强度】：输入一个值以影响其平滑度，而不影响斜角宽度。

◎ 【角度】：输入一个值或者使用弹出的角度盘来设置光源的角度。

◎ 【距离】：设置斜角与对象之间的距离。

◎ 【渐变】：渐变包含两种或多种可相互淡入或混合的颜色。

◎ 【挖空】：挖空 (即从视觉上隐藏) 原对象，并在挖空图像上只显示渐变斜角。

◎ 【类型】：在下拉列表框中选择要应用到对象的斜角类型。可以选择【内侧】、【外侧】或者【整个】选项。

◎ 【品质】：选择渐变斜角的质量级别。

把质量级别设置为【高】就近似于高斯模糊。建议把质量级别设置为【低】，以实现最佳的回放性能。

渐变斜角的效果如图 4-81 所示。

图 4-81

4.3.8　调整颜色滤镜

使用调整颜色滤镜，可以调整对象的亮度、对比度、色相和饱和度，滤镜参数如图 4-82 所示。

图 4-82

◎ 【亮度】：调整对象的亮度。

◎ 【对比度】：调整对象的对比度。

◎ 【色相】：调整对象的色相。

◎ 【饱和度】：调整对象的饱和度。

调整颜色的效果如图 4-83 所示。

图 4-83

 【实战】制作冬至宣传动画

本例主要制作文字放大的效果，可以对为文本创建传统补间动画的方法有深一步的了解。本实例效果如图 4-84 所示。

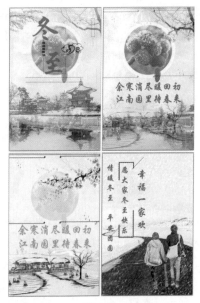

图 4-84

素材	素材 \Cha04\ 冬至素材 1.jpg、冬至素材 2.jpg、冬至素材 3.jpg、冬至素材 4.jpg
场景	场景 \Cha04\【实战】制作冬至宣传动画 .fla
视频	视频教学 \Cha04\ 制作冬至宣传动画 .mp4

01 按 Ctrl+N 组合键，弹出【新建文档】对话框，将【宽】、【高】分别设置为 298 像素、448 像素，将【帧速率】设置为 12，将【类型】设置为 ActionScript 3.0，单击【创建】按钮。在菜单栏中选择【文件】|【导入】|【导入到库】命令，如图 4-85 所示。

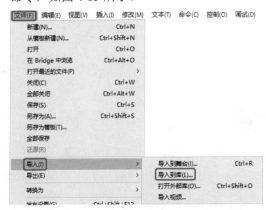

图 4-85

02 在弹出的【导入到库】对话框中选择"素材 \Cha04\ 冬至素材 1.jpg、冬至素材 2.jpg、冬至素材 3.jpg、冬至素材 4.jpg"素材文件，单击【打开】按钮，即可将选中的素材文件导入【库】中，如图 4-86 所示。

图 4-86

03 打开【库】面板，将"冬至素材 1.jpg"素材文件拖曳到舞台中，然后在【对齐】面板中勾选【与舞台对齐】复选框，单击【水平中齐】按钮 ⬌ 与【垂直中齐】按钮 ⬍，将素材文件与舞台对齐，如图 4-87 所示。

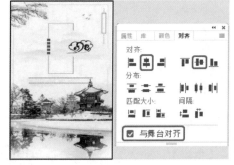

图 4-87

04 在【时间轴】面板中选择"图层_1"的第 98 帧，按 F5 键插入帧，如图 4-88 所示。

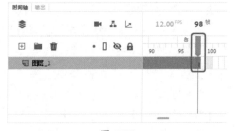

图 4-88

05 在【时间轴】面板中单击【新建图层】⊞，新建"图层_2"，并在"图层_2"的第31帧处按 F6 键插入关键帧，打开【库】面板，将"冬至素材 2.jpg"素材文件拖曳到舞台中，在【对齐】面板中单击【水平中齐】按钮与【垂直中齐】按钮，如图 4-89 所示。

图 4-89

06 在舞台中确认选中素材，按 F8 键，在弹出的【转换为元件】对话框中将【类型】设置为【图形】，单击【确定】按钮，如图 4-90 所示。

图 4-90

07 选择"图层_2"的第31帧并在舞台中选中元件，打开【属性】面板，将【色彩效果】选项组中的【颜色样式】设置为 Alpha，将 Alpha 设置为 30%，如图 4-91 所示。

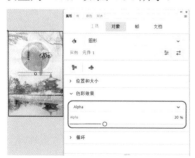

图 4-91

08 选择该图层的第60帧，按 F6 键插入关键帧，并选中元件，在【属性】面板中将【颜色样式】设置为无，如图 4-92 所示。

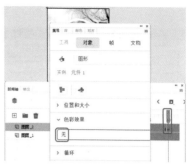

图 4-92

09 在"图层_2"第31帧至第60帧之间的任意帧位置单击鼠标右键，在弹出的快捷菜单中选择【创建传统补间】命令，如图 4-93 所示。

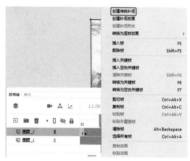

图 4-93

10 新建"图层_3"，选择"图层_3"的第60帧，按 F6 键插入关键帧。打开【库】面板，将"冬至素材 3.jpg"素材拖入舞台中，然后在【对齐】面板中单击【水平中齐】按钮与【垂直中齐】按钮，如图 4-94 所示。

图 4-94

11 在舞台中确认选中素材，按 F8 键，在弹出的【转换为元件】对话框中将【类型】设置为【图形】，单击【确定】按钮，如图 4-95 所示。

图 4-95

12 选择"图层 _3"的第 60 帧并在舞台中选中元件，在【属性】面板中将【色彩效果】选项组中的【颜色样式】设置为 Alpha，将 Alpha 设置为 30%，如图 4-96 所示。

图 4-96

13 选择该图层的第 89 帧，按 F6 键插入关键帧，并选中元件，在【属性】面板中将【颜色样式】设置为无，如图 4-97 所示。

图 4-97

14 在"图层 _3"第 60 帧至第 89 帧之间的任意帧位置单击鼠标右键，在弹出的快捷菜单中选择【创建传统补间】命令，如图 4-98 所示。

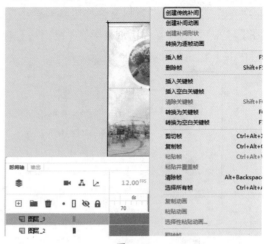

图 4-98

15 新建"图层 _4"，按 Ctrl+F8 组合键打开【创建新元件】对话框，在【名称】文本框中输入"文字 1"，将【类型】设置为【影片剪辑】，单击【确定】按钮，如图 4-99 所示。

图 4-99

16 在工具栏中单击【文本工具】按钮 T，在舞台区中输入文本"冬至"。选中输入的文本，在【属性】面板中将【实例行为】设置为静态文本，将【字体】设置为【方正行楷简体】，将【大小】设置为 90pt，将【填充颜色】设置为 #666666，将 X、Y 均设置为 0，如图 4-100 所示。

17 使用同样方法新建名称为"文字 2""文字 3""文字 4""文字 5"的元件，并在相应的元件中，分别输入"余寒消尽暖回初，江南园里待春来""情暖冬至平安团圆""愿大家冬至快乐""幸福一家欢"文本，设置相应的属性参数，在【库】面板中查看新建的元件效果，如图 4-101 所示。

图 4-100

图 4-101

18 将各个元件创建完成后，在左上角单击 ← 按钮，返回到场景 1 中。选中"图层 _4"，并在【库】面板中将"文字 1"元件拖至舞台中，选中"图层 _4"的第 31 帧，按 F6 键插入关键帧，在【属性】面板中将 X、Y 分别设置为 68.3、17.7，如图 4-102 所示。

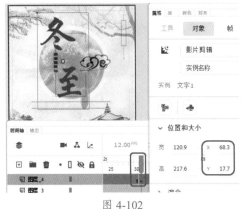

图 4-102

19 选中"图层 _4"的第 1 帧，按 Ctrl+T 组合键，在【变形】面板中将【缩放宽度】、【缩放高度】均设置为 1000%，在【属性】面板中将 X、Y 分别设置为 -589.55、-1070.2，将【色彩效果】选项组中的【颜色样式】设置为 Alpha，将 Alpha 设置为 0，如图 4-103 所示。

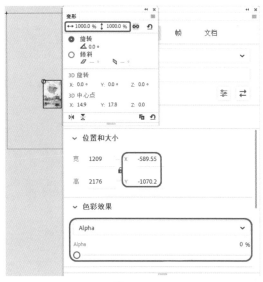

图 4-103

提示：在【变形】面板中，调整【缩放宽度】和【缩放高度】参数为等比缩放时，单击参数后面的【约束】按钮 ，输入【缩放宽度】和【缩放高度】的任何一个参数，另外一个自动修改。

20 在该图层第 1 帧到第 31 帧之间的任意帧位置单击鼠标右键，在弹出的快捷菜单中选择【创建传统补间】命令，如图 4-104 所示。

21 选中"图层 _4"的第 50 帧插入关键帧，打开【属性】面板，将【色彩效果】选项组中的【颜色样式】设置为 Alpha，将 Alpha 设置为 0，如图 4-105 所示。

22 在该图层第 31 帧到第 50 帧之间的任意帧位置单击鼠标右键，在弹出的快捷菜单中选择【创建传统补间】命令，如图 4-106 所示。

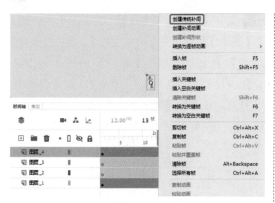

图 4-104

图 4-105

图 4-106

23 新建"图层_5",并选择第 35 帧插入关键帧,在【库】面板中将"文字 2"元件拖曳到舞台中。选择舞台中的"文字 2"元件,在【变形】面板中将【缩放宽度】、【缩放高度】均设置为 200%,在【属性】面板中将 X、Y 分别设置为 65.75、274.6,将【色彩效果】选项组中的【颜色样式】设置为 Alpha,将 Alpha 设置为 0,如图 4-107 所示。

图 4-107

24 在该图层的第 60 帧处插入关键帧,在【变形】面板中将元件的【缩放宽度】、【缩放高度】均设置为 100%,在【属性】面板中将 X、Y 分别设置为 42.05、232.9,将【色彩效果】选项组中的【颜色样式】设置为无,如图 4-108 所示。设置完成后,在该图层的第 35 帧到第 60 帧之间创建传统补间。

图 4-108

25 在"图层_5"中选择第 92 帧插入关键帧,在【变形】面板中将元件的【缩放宽度】、【缩放高度】均设置为 120%,在【属性】面板中将 X、Y 分别设置为 23.55、217.05,将【色彩效果】选项组中的【颜色样式】设置为 Alpha,将 Alpha 设置为 39%,如图 4-109 所示。设置完成后,在该图层的 60 帧到第 92 帧之间创建传统补间。

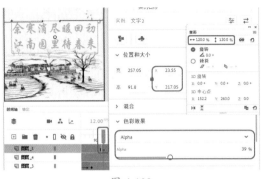

图 4-109

26 新建"图层 _6",选择第 288 帧,按 F5 键添加帧,选择该图层的第 95 帧并插入关键帧,在【库】面板中将"冬至素材 4.jpg"素材拖至舞台中,然后在【对齐】面板中单击【水平中齐】按钮与【垂直中齐】按钮,如图 4-110 所示。

图 4-110

27 在舞台中确认选中素材,按 F8 键,在弹出的【转换为元件】对话框中将【类型】设置为【图形】,单击【确定】按钮,如图 4-111 所示。

图 4-111

28 选择"图层 _6"的第 95 帧并在舞台中选中元件,打开【属性】面板,将【色彩效果】选项组中的【颜色样式】设置为 Alpha,将 Alpha 设置为 0,如图 4-112 所示。

图 4-112

29 选择该图层的第 160 帧,按 F6 键插入关键帧,并选中元件,在【属性】面板中将【颜色样式】设置为无,如图 4-113 所示。

图 4-113

30 在"图层 _6"第 95 帧至第 160 帧之间的任意帧位置单击鼠标右键,在弹出的快捷菜单中选择【创建传统补间】命令,如图 4-114 所示。

31 新建"图层 _7",并选择第 113 帧插入关键帧,在【库】面板中将"文字 3"元件拖曳到舞台中。在【变形】面板中将【缩放宽度】、【缩放高度】均设置为 200%,在【属性】面板中将 X、Y 分别设置为 326.6、-95.1,如图 4-115 所示。

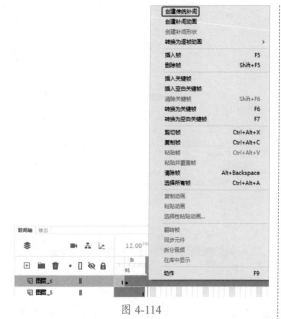

图 4-114

图 4-116

图 4-115

图 4-117

32 在【属性】面板中单击【添加滤镜】按钮 ＋，在弹出的下拉菜单中选择【模糊】命令，如图 4-116 所示。

33 将【模糊 X】、【模糊 Y】均设置为 150，如图 4-117 所示。

34 在该图层的第 129 帧处插入关键帧，选中第 129 帧的关键帧并在【属性】面板中将【模糊 X】、【模糊 Y】均设置为 0，在【变形】面板中将元件的【缩放宽度】、【缩放高度】均设置为 100%，在【属性】面板中将 X、Y 分别设置为 14.3、32.75，如图 4-118 所示。

图 4-118

35 在该图层第 144 帧处插入关键帧，选中第 144 帧的关键帧，并在【变形】面板中将【缩放宽度】、【缩放高度】均设置为 130%，在【属性】面板中将 X、Y 均设置为 0，如图 4-119 所示。

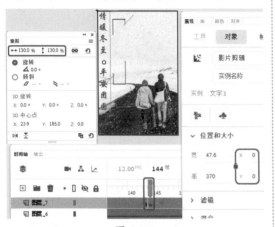

图 4-119

36 在该图层第 159 帧处插入关键帧，选中第 159 帧的关键帧，并在【变形】面板中将【缩放宽度】、【缩放高度】都设置为 100%，在【属性】面板中将 X、Y 分别设置为 14.3、32.75，如图 4-120 所示。

图 4-120

37 分别在"图层_7"的第 113 帧至第 129 帧、第 129 帧至第 144 帧和第 144 帧至第 159 帧之间的任意帧位置单击鼠标右键，在弹出的快捷菜单中选择【创建传统补间】命令，创建传统补间后的效果如图 4-121 所示。

38 新建"图层_8"，并选择第 165 帧插入关键帧，在【库】面板中将"文字 4"元件拖曳到舞台中，在【属性】面板中将 X、Y 分

别设置为 60、40.35，并为其添加【模糊】滤镜，将【模糊 X】、【模糊 Y】均设置为 150，如图 4-122 所示。

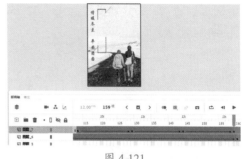

图 4-121

图 4-122

39 在该图层第 180 帧处插入关键帧，选中第 180 帧的关键帧，并在【变形】面板中将【缩放宽度】、【缩放高度】均设置为 102.5%，在【属性】面板中将 X、Y 分别设置为 63.85、40.1，将【模糊 X】、【模糊 Y】均设置为 0，如图 4-123 所示。

图 4-123

40 在该图层第 199 帧处插入关键帧，选中第 199 帧的关键帧，并在【变形】面板中将【缩放宽度】、【缩放高度】均设置为 200%，在【属性】面板中将 X、Y 分别设置为 48、32.75，如图 4-124 所示。

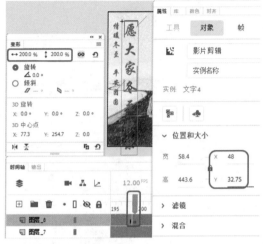

图 4-124

41 在该图层第 224 帧处插入关键帧，选中第 224 帧的关键帧，并在【变形】面板中将【缩放宽度】、【缩放高度】均设置为 100%，在【属性】面板中将 X、Y 分别设置为 60、40.35，如图 4-125 所示。

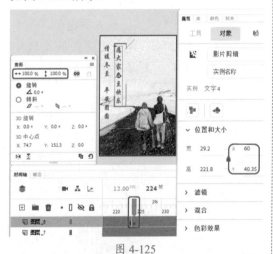

图 4-125

42 分别在"图层_8"的第 165 帧至第 180 帧、第 180 帧至第 199 帧和第 199 帧至第 224 帧之间的任意帧位置单击鼠标右键，在弹出的

快捷菜单中选择【创建传统补间】命令，创建传统补间后的效果如图 4-126 所示。

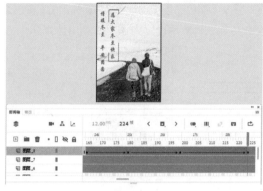

图 4-126

43 新建"图层_9"，并选择第 226 帧插入关键帧，在【库】面板中将"文字 5"元件拖曳到舞台中，在【变形】面板中将【缩放宽度】、【缩放高度】均设置为 180%，在【属性】面板中将 X、Y 分别设置为 156.35、45.85，为其添加【模糊】滤镜，将【模糊 X】、【模糊 Y】均设置为 150，如图 4-127 所示。

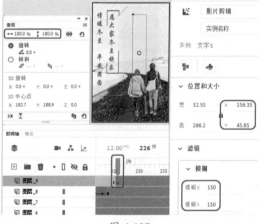

图 4-127

44 在该图层的第 245 帧处插入关键帧，选中第 245 帧的关键帧，并在【变形】面板中将【缩放宽度】、【缩放高度】均设置为 125%，在【属性】面板中将 X、Y 分别设置为 111.5、50.45，将【模糊 X】、【模糊 Y】均设置为 0，如图 4-128 所示。

图 4-128

45 在"图层_9"第 226 帧至第 245 帧之间的任意帧位置单击鼠标右键,在弹出的快捷菜单中选择【创建传统补间】命令,创建传统补间后的效果如图 4-129 所示。

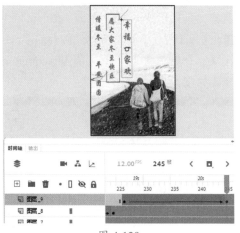

图 4-129

46 新建图层,选择第 288 帧并按 F6 键插入关键帧,按 F9 键打开【动作】面板,并输入代码 stop();,如图 4-130 所示,设置完成后将该面板关闭即可。

图 4-130

47 调整完成后按 Ctrl+Enter 组合键测试动画效果,如图 4-131 所示。

图 4-131

4.4 文本的其他应用

如果在制作 Animate 2020 影片时使用系统中安装的字体,该字体的信息将会嵌入 Animate 2020 影片的播放文件中,以确保该字体可以在 Animate 2020 中正常显示,不过并非所有在 Animate 2020 中的可显示字体都能够随影片导出。本节将要讲解关于文本的其他应用。

4.4.1 字体元件的创建和使用

将字体作为共享库项,就可以在【库】面板中创建字体元件,如图 4-132 所示,然后给该元件分配一个标识符字符串和一个包含该字体元件影片的 URL 文件,而无须将字体嵌入影片中,从而大大缩小了影片。

图 4-132

创建字体元件的操作步骤如下。

01 选择【窗口】|【库】命令或按 Ctrl+L 组合键，打开【库】面板。

02 在【库】面板的【名称】下拉列表框中单击鼠标右键，在弹出的快捷菜单中选择【新建字型】命令，如图 4-133 所示。

图 4-133

03 弹出【字体嵌入】对话框，在这里可以设置字体元件的名称，例如设置为"字体 1"，如图 4-134 所示。

04 在【系列】下拉列表框中选择一种字体，或者直接输入字体名称。

05 在下面的【样式】选项区中选择字体的其他参数，如加粗、倾斜等。

06 设置完毕后，单击【确定】按钮，就创建好了一个字体元件。

图 4-134

如果要为创建好的字体元件指定标识符字符串，具体步骤如下。

01 在【库】面板中双击字体元件前的字母 A，弹出【字体嵌入】对话框，单击 ActionScript 按钮，如图 4-135 所示。

图 4-135

02 在【字体嵌入】对话框的【共享】选项组中，勾选【为运行时共享导出】复选框，如图 4-136 所示。

03 在【标识符】文本框中输入一个字符串，以标识该字体元件。

04 在 URL 文本框中，输入包含该字体元件的 SWF 影片文件将要发布到的 URL。

05 单击【确定】按钮完成操作。至此，完成为字体元件指定标识符字符串的操作。

图 4-136

■ 4.4.2 缺失字体的替换

如果 Animate 文件中包含的某些字体，用户的系统中没有安装，Animate 2020 会以用户系统中可用的字体来替换缺少的字体。用户可以在系统中选择要替换的字体，或者用 Animate 2020 系统默认字体 (在常规首选参数中指定的字体) 替换缺少的字体。

(1) 替换指定字体的具体操作步骤如下。

01 在菜单栏中选择【编辑】|【字体映射】命令，打开【字体映射】对话框，此时可以从计算机中选择系统已经安装的字体进行替换，如图 4-137 所示。

图 4-137

02 在【字体映射】对话框中，选中【缺少字体】栏中的某种字体，在用户选择替换字体之前，默认替换字体会显示在【映射为】栏中。

03 从【替换字体】下拉列表框中选择一种字体。

04 设置完毕后，单击【确定】按钮。

用户可以使用【字体映射】对话框更改映射缺少字体的替换字体，查看 Animate 2020 中映射的所有替换字体，以及删除从用户的系统映射的替换字体。

(2) 查看文件中所有缺少字体并重新选择替换字体的操作步骤如下。

01 当文件在 Animate 2020 中处于活动状态时，选择【编辑】|【字体映射】命令，打开【字体映射】对话框。

02 根据前面介绍的方法，选择一种替换字体。

(3) 查看系统中保存的所有字体映射的操作步骤如下。

01 关闭 Animate 2020 中的所有文件。

02 在菜单栏中选择【编辑】|【字体映射】命令，再次打开【字体映射】对话框。

03 查看完毕后，单击【确定】按钮，关闭对话框。

课后项目练习
制作滚动文字

当在一个空间中不能够显示更多的文本内容时，可以用 UI 的模式展现，使文字呈现滚动的效果，使所有文本对象都能显示出来。

本例主要制作滚动文字的效果，可以在文本图层中添加组件制作文字滚动的效果，效果如图 4-138 所示。

课后项目练习效果展示

图 4-138

课后项目练习过程概要

`01` 导入"背景 .jpg"素材文件作为滚动文字背景，新建图层，使用【文本工具】输入文本，在【属性】面板中对文本进行调整。

`02` 为段落文本添加滚动条，并对其进行设置。

素材	素材 \Cha04\ 背景 .jpg
场景	场景 \Cha04\ 制作滚动文字 .fla
视频	视频教学 \Cha04\ 制作滚动文字 .mp4

`01` 按 Ctrl+N 组合键，弹出【新建文档】对话框，将【宽】、【高】分别设置为 310 像素、430 像素，【平台类型】设置为 ActionScript 3.0，单击【创建】按钮。按 Ctrl+R 组合键，在弹出的【导入】对话框中选择"素材 \Cha04\ 背景 .jpg"素材文件，单击【打开】按钮，并选中素材，在【对齐】面板中勾选【与舞台对齐】复选框，单击【匹配宽和高】按钮 ▦、【水平中齐】按钮 ▦ 、【垂直中齐】按钮 ▦，如图 4-139 所示。

`02` 在【时间轴】面板中单击【新建图层】按钮 ⊞，新建图层。在工具栏中单击【文本工具】按钮 T，在舞台上输入文本，并使用【选择工具】选中输入的两个文本块，在【属性】面板中将【实例行为】设置为动态文本，如图 4-140 所示。

图 4-139

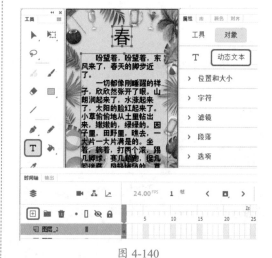

图 4-140

`03` 设置完成后，单击空白位置，取消对文本块的选择，继续使用【选择工具】在大段文本段落上单击鼠标右键，在弹出的快捷菜单中选择【可滚动】命令，如图 4-141 所示。

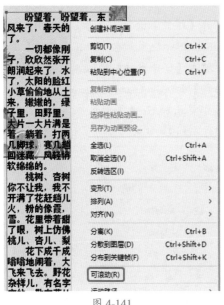

图 4-141

04 选中"春"文本，在【属性】面板中将【宽】、【高】分别设置为 118.65、64.5，X、Y 分别设置为 95.7、69.6，在【字符】选项组中将【字体】设置为【方正隶书简体】，【大小】设置为 32pt，【填充颜色】设置为 #268C92，【呈现】设置为【使用设备字体】，在【段落】选项组中单击【居中对齐】按钮，如图 4-142 所示。

图 4-142

05 选中大段文本，在【属性】面板中将【宽】、【高】分别设置为 183、271.95，X、Y 分别设置为 66.05、108，在【字符】选项组中将【字体】设置为【方正华隶简体】，【大小】设置为 14pt，【填充颜色】设置为 #268C92，【呈现】设置为【使用设备字体】，在【段落】选项组中单击【左对齐】按钮，将【行距】设置为 5 点，如图 4-143 所示。

图 4-143

06 按 Ctrl+F7 组合键，打开【组件】面板，在 User Interface 选项组中选择 UIScrollBar，如图 4-144 所示。

07 将 UIScrollBar 拖至舞台中，在【属性】

面板中将【宽】、【高】分别设置为15、260，X、Y分别设置为249.05、107.9，【颜色样式】设置为【色调】，将【着色】设置为#FDFBE7，如图4-145所示。

图 4-144   图 4-145

08 在【属性】面板中单击【显示参数】按钮 📇，打开【组件参数】面板，在scrollTargetName右侧输入"文本段落"，如图4-146所示。

提示：在键盘上按Ctrl+F7组合键，打开【组件】面板，选择UIScrollBar，将UIScrollBar拖至舞台中。在【属性】面板中单击【显示参数】按钮 📇，弹出【组件参数】面板，在scrollTargetName的右侧输入想要添加UI效果的元件名称，即可为组件添加UI效果。

图 4-146

09 设置完成后按Ctrl+Enter组合键测试影片效果，如图4-147所示。

图 4-147

第 05 章
制作闪光文字——元件、库与实例

本章导读：

　　元件是制作 Animate 2020 动画的重要元素，实例是指位于舞台上或嵌套在另一个元件内的元件副本。本章将重点介绍元件、库和实例的使用、编辑方法。

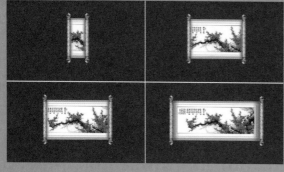

【案例精讲】
制作闪光文字

为了更好地完成本设计案例，现对制作要求及设计内容做如下规划，效果如图 5-1 所示。

作品名称	制作闪光文字
作品尺寸	823 像素 ×1234 像素
设计创意	本案例主要制作文字闪光的效果，该案例主要通过为文字元件添加样式，并创建关键帧来体现闪光效果
主要元素	(1) 闪光文字背景 (2) 矩形 (3) 文字
应用软件	Adobe Animate 2020
素材	素材 \Cha05\ 闪光文字背景 .jpg
场景	场景 \Cha05\【案例精讲】制作闪光文字 .fla
视频	视频教学 \Cha05\【案例精讲】制作闪光文字 .mp4
闪光文字 效果欣赏	 图 5-1

01 按 Ctrl+N 组合键，弹出【新建文档】对话框，将【宽】、【高】分别设置为 823 像素、1234 像素，将【平台类型】设置为 ActionScript 3.0，单击【创建】按钮。按 Ctrl+R 组合键，弹出【导入】对话框，选择"素材 \Cha05\ 闪光文字背景 .jpg"素材文件，单击【打开】按钮，置入素材后，将其与舞台对齐，如图 5-2 所示。

02 按 Ctrl+F8 组合键，弹出【创建新元件】对话框，将【名称】设置为"矩形"，将【类型】设置为【图形】，如图 5-3 所示。

图 5-2

图 5-3

03 单击【确定】按钮，在工具栏中单击【矩形工具】按钮 ，在舞台中绘制矩形，选中绘制的矩形，在【颜色】面板中将【填充颜色】设置为 # 66CCFF，将【笔触颜色】设置为无，如图 5-4 所示。

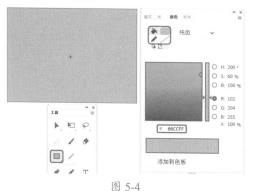

图 5-4

04 按 Ctrl+F8 组合键，在弹出的【创建新元件】对话框中将【名称】设置为"变色动画"，将【类型】设置为【影片剪辑】，单击【确定】按钮。在【库】面板中将"矩形"元件拖至舞台中，选择时间轴的第 15 帧，按 F6 键插入关键帧。

选择"矩形"元件，在【属性】面板中将【颜色样式】设置为【色调】，将【着色】设置为 #6699FF，如图 5-5 所示。

图 5-5

> 提示：为了方便观察效果，可以将背景颜色设置为黑色。

05 选择第 1 帧至第 15 帧中的任意一帧，在菜单栏中选择【插入】|【创建传统补间】命令，如图 5-6 所示。

图 5-6

06 选择第 30 帧，插入关键帧，选择"矩形"元件，将【颜色样式】设置为【色调】，将【着色】设置为 #6666FF，如图 5-7 所示。

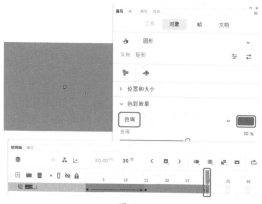

图 5-7

07 在第 15 帧至第 30 帧中任选一帧，右击鼠标，在弹出的快捷菜单中选择【创建传统补间】命令，创建传统补间动画。选择第 45 帧，插入关键帧，选择"矩形"元件，将【颜色样式】设置为【色调】，将【着色】设置为 #33CCFF，如图 5-8 所示。

图 5-8

08 在第 30 帧与第 45 帧之间创建传统补间动画，使用同样方法选择第 60、75、90 帧，插入关键帧，选择矩形，分别将【着色】设置为 #3366FF、#00CCFF、#0033FF，并使用同样的方法创建传统补间，如图 5-9 所示。

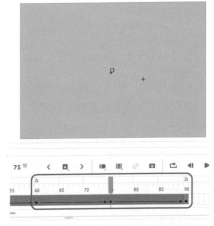

图 5-9

09 再次创建新元件，将【名称】设置为"遮罩"，将【类型】设置为【影片剪辑】。打开【库】面板，将"变色动画"元件拖曳至舞台中，在【时间轴】面板中单击【新建图层】按钮 ⊞，新建"图层 _2"图层，如图 5-10 所示。

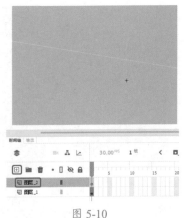

图 5-10

10 在工具栏中单击【文本工具】按钮 T，在舞台中单击，输入文字"探索未来"。选中输入的文字，在【属性】面板中将【字体】设置为【汉仪尚巍手书 w】，【大小】设置为 240pt，【字距】设置为 50，将文字位置调整至矩形上方，如图 5-11 所示。

图 5-11

11 选择"图层 _2"图层，单击鼠标右键，在弹出的快捷菜单中选择【遮罩层】命令，添加遮罩层，如图 5-12 所示。

图 5-12

12 单击左上角的箭头按钮 ←，返回至场景中，新建图层，打开【库】面板，将"遮罩"元件拖曳至舞台中，在【属性】面板中将元件的【高】设置为565.9，并适当调整其位置，如图5-13所示。

13 按 Ctrl+Enter 组合键测试影片，效果如图5-14 所示。

图 5-13

图 5-14

知识链接：元件库

库是元件和实例的载体，是使用 Animate 2020 制作动画时一种非常好用的工具，使用库可以省去很多的重复操作和其他一些不必要的麻烦。另外，使用库对最大限度地减小动画文件的容量也起着决定性的作用，充分利用库中包含的元素可以有效地控制文件的大小，便于文件的传输和下载。Animate 2020 的库包括两种，一种是当前编辑文件的专用库，另一种是 Animate 2020 自带的公用库，这两种库有着相似的使用方法和特点，但也有很多不同点，所以要掌握 Animate 2020 中库的使用，首先要对这两种不同类型的库有足够的认识。

◎ Animate 2020 的【库】面板中包含当前文件的标题栏、预览窗口、库文件列表及一些相关的库文件管理工具等。

◎ 右上角按钮▤：单击该按钮，可以弹出下拉菜单，在该菜单中可以执行【新建元件】、【新建文件夹】或【重命名】等命令。

◎ 文档标题栏：通过该下拉列表，可以直接在一个文档中浏览当前 Animate 2020 中打开的其他文档的库内容，方便将多个不同文档的库资源共享到一个文档中。

◎ 【固定当前库】➡：不同文档对应不同的库，当同时在 Animate 2020 中打开两个或两个以上的文档时，切换当前显示的文档，【库】面板也对应地跟着文档切换。单击该按钮后，【库】面板始终显示其中一个文档对象的内容，不跟随文档的切换而切换，这样做可以方便将一个文档库内的资源，共享到多个不同的文档中。

◎ 【新建库面板】▣：单击该按钮后，会在界面上新打开一个【库】面板，两个【库】面板的内容是一致的，相当于利用两个窗口同时访问一个目标资源。

◎ 预览窗口：当在【库】面板的资源列表中单击鼠标选择一个对象时，可以在该窗口中显示出该对象的预览效果。

◎ 【新建元件】▤：单击该按钮，会弹出【创建新元件】对话框，可以设置新建元件的名称及新建元件的类型。

◎ 【新建文件夹】▢：在一些复杂的 Animate 2020 文件中，库文件通常很多，管理起来非常不方便。因此需要使用创建新文件夹的功能，在【库】面板中创建一些文件夹，将同类的文件放到相应的文件夹中，使今后元件的调用更灵活方便。

◎ 【属性】ⓘ：用于查看和修改库元件的属性，在弹出的对话框中显示了元件的名称、类型等一系列信息。

◎ 【删除】ⓘ：用来删除库中多余的文件和文件夹。

5.1 元件的创建与转换

创建的元件只能在元件编辑模式中进行编辑，创建元件后可以在指定关键帧后创建动画补间，创建动画补间后对象会按照特定的距离与时间进行移动，免去了添加其他对象等其余操作，节省了时间。转换元件可以将需要的对象拖至舞台中再进行直接转换。转换元件可以在弹出的对话框中直接设置对象与中心点的对齐方式，无须在元件编辑模式中调整。

■ 5.1.1 创建图形元件

本实例将介绍如何创建图形元件，其具体操作步骤如下。

01 打开素材文件"素材 \Cha05\ 创建图形元件素材 .fla"，如图 5-15 所示。

图 5-15

02 在菜单栏中选择【插入】|【新建元件】命令，弹出【创建新元件】对话框，将【名称】设置为"图形元件"，将【类型】设置为【图形】，单击【确定】按钮，如图 5-16 所示，即可创建图形元件。

图 5-16

03 创建完图形元件后，即可进入图形元件的编辑界面，将【库】面板中的"图形元件素材 .jpg"拖曳至元件中，在【库】面板中选择"图形元件"，在【库】面板和舞台中都可以观察到效果，如图 5-17 所示。

图 5-17

知识链接：通过其他方式创建元件

◎ 方法一：按 Ctrl+F8 组合键，弹出【创建新元件】对话框。

◎ 方法二：单击【库】面板下方的【新建元件】按钮，也可以打开【创建新元件】对话框。

◎ 方法三：单击【库】面板右上角的 ≡ 按钮，在弹出的下拉菜单中选择【新建元件】命令。

■ 5.1.2 创建影片剪辑元件

本实例讲解如何创建影片剪辑元件，效果如图 5-18 所示。其具体操作步骤如下。

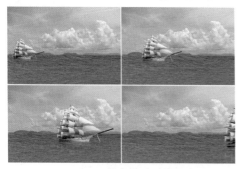

图 5-18

01 按 Ctrl+N 组合键，在弹出的【新建文档】对话框中将【宽】、【高】分别设置为 685、458，【帧速率】设置为 5，【平台类型】设置为 ActionScript 3.0，单击【创建】按钮。在菜单栏中选择【文件】|【导入】|【导入到库】命令，如图 5-19 所示。

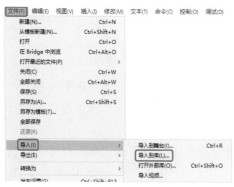

图 5-19

02 在弹出的【导入到库】对话框中选择素材文件"素材 \Cha05\ 帆船 .png、影片剪辑素材 .jpg"，单击【打开】按钮，将选中的素材文件导入【库】中，如图 5-20 所示。

图 5-20

03 在菜单栏中选择【插入】|【新建元件】命令或按 Ctrl+F8 组合键，如图 5-21 所示。

图 5-21

04 弹出【创建新元件】对话框，将【名称】设置为"影片剪辑"，将【类型】设置为【影片剪辑】，如图 5-22 所示。

图 5-22

05 即可进入影片剪辑元件的编辑界面，如图 5-23 所示。

06 在【库】面板中选择素材文件"影片剪辑素材 .jpg"，按住鼠标将其拖曳至舞台中，如图 5-24 所示。

图 5-23

图 5-24

07 确认素材图片，在【属性】面板中将【宽】、【高】分别设置为 1200、800，将【X】、【Y】均设置为 0，如图 5-25 所示。

图 5-25

08 在【时间轴】面板中选中"图层 _1"的第 40 帧，按 F6 键插入关键帧，如图 5-26 所示。

图 5-26

09 在【时间轴】面板中单击【新建图层】按钮，新建"图层 _2"，在【库】面板中将素材文件"帆船 .png"拖曳至舞台中，如图 5-27 所示。

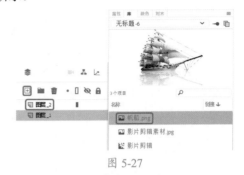

图 5-27

10 在【属性】面板中将【宽】、【高】分别设置为 275.4、231.95，将 X、Y 分别设置为 -76、358，如图 5-28 所示。

图 5-28

11 按 F8 键弹出【转换为元件】对话框，将【名称】设置为"帆船"，将【类型】设置为【图形】，如图 5-29 所示。

图 5-29

12 设置完成后，单击【确定】按钮，即可将素材图片"帆船 .png"转换为图形元件，如图 5-30 所示。

13 在舞台中选择图形元件，在【时间轴】面板中选中"图层 _2"的第 40 帧，按 F6 键插入关键帧，如图 5-31 所示。

图 5-30

图 5-31

14 在【属性】面板中将【宽】、【高】分别设置为 963.9、811.8，将 X、Y 分别设置为 1131.2、47.05，如图 5-32 所示。

图 5-32

15 在第 1 帧至第 40 帧的任意帧单击鼠标右键，在弹出的快捷菜单中选择【创建传统补间】命令，如图 5-33 所示。

16 即可在"图层 _2"中创建传统补间动画，如图 5-34 所示。

17 新建"图层 _3"，在【库】面板中将素材文件"剪辑影片素材 .jpg"拖至舞台中，在【属性】面板中将【宽】、【高】分别设置为 1200、800，将 X、Y 均设置为 0，如图 5-35 所示。

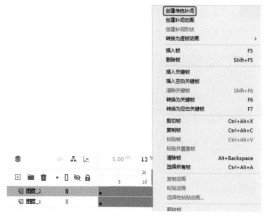

图 5-33

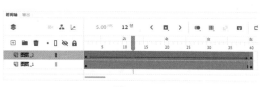

图 5-34

图 5-35

18 调整完成后，在菜单栏中选择【修改】|【变形】|【垂直翻转】命令，如图 5-36 所示。

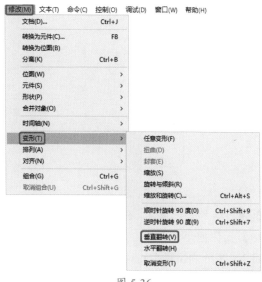

图 5-36

19 在【属性】面板中将 X 设置为 0，将 Y 设置为 499，如图 5-37 所示。

图 5-37

20 确认选中素材，按 F8 键，在弹出的【转换为元件】对话框中输入【名称】为"重影"，将【类型】设置为【图形】，如图 5-38 所示。

图 5-38

21 打开【属性】面板，在【色彩效果】选项组中将【颜色样式】设置为【高级】，Alpha 设置为 60%，将【红色】、【绿色】、【蓝色】分别设置为 70%、80%、90%，如图 5-39 所示。

图 5-39

22 新建"图层_4"，在【库】面板中将【重影】元件拖至舞台中，打开【属性】面板，将 X、Y 分别设置为 0、499，在【色彩效果】选项组中将【颜色样式】设置为【高级】，

Alpha 设置为 60%，将【红色】、【绿色】、【蓝色】分别设置为 80%、80%、90%，如图 5-40 所示。

图 5-40

23 新建"图层_5"，按 Ctrl+F8 组合键，弹出【创建新元件】对话框，在该对话框中将【名称】设置为"矩形"，将【类型】设置为【图形】，设置完成后单击【确定】按钮，如图 5-41 所示。

图 5-41

24 在工具栏中单击【矩形工具】按钮■，并将【对象绘制】关闭，然后在"矩形"元件的舞台中进行绘制。选中绘制的矩形，打开【属性】面板，将【宽】、【高】分别设置为 1200、8，任意设置填充颜色，将【笔触颜色】设置为无，如图 5-42 所示。

图 5-42

25 对绘制的矩形进行复制，并调整位置，如图 5-43 所示。

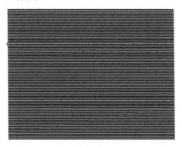

图 5-43

26 在【库】面板中双击"影片剪辑"元件，返回到影片剪辑中，选择"图层_5"的第 1 帧，在【库】面板中将"矩形"元件拖至舞台中。在工具栏中单击【任意变形工具】按钮，使用【任意变形工具】调整元件的位置和大小，如图 5-44 所示。

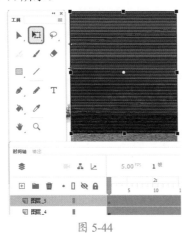

图 5-44

27 选择"图层_5"的第 40 帧，按 F6 键插入关键帧，在舞台中调整"矩形"元件的位置，如图 5-45 所示。

图 5-45

28 在该图层第 1 帧至第 40 帧之间的任意帧位置右键单击，在弹出的快捷菜单中选择【创建传统补间】命令，如图 5-46 所示。

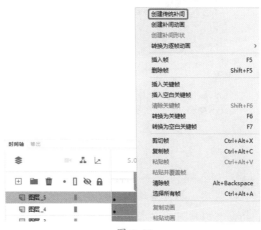

图 5-46

29 在【时间轴】面板中选中"图层_5"并右键单击，在弹出的快捷菜单中选择【遮罩层】命令，如图 5-47 所示。

30 将"图层_2"移动到图层最上方，如图 5-48 所示。

图 5-47　　　　　　图 5-48

31 返回到场景 1 中，打开【库】面板，将刚才制作好的影片剪辑元件拖曳至舞台中，并使用【任意变形工具】适当调整其大小与位置，此时可以看到"影片剪辑"元件只占了场景 1 中的 1 个关键帧，如图 5-49 所示。

32 按 Ctrl+Enter 组合键测试动画效果，如图 5-50 所示。

131

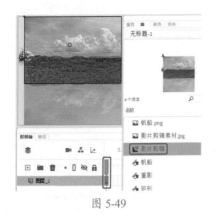

图 5-49 图 5-50

 提示：影片剪辑虽然可能包含比主场景更多的帧数，但是它是以一个独立的对象出现的，其内部可以包含图形元件或者按钮元件等，并且支持嵌套功能，这种强大的嵌套功能对编辑影片有很大的帮助。

知识链接：元件概述

使用 Animate 2020 制作动画影片的一般流程是先制作动画中所需要的各种元件，然后在场景中引用元件实例，并对实例化的元件进行适当的组织和编排，最终完成影片的制作。合理地使用元件和库可以提高影片的制作效率。

元件是 Animate 2020 中一个比较重要而且使用非常频繁的概念，是指用户在 Animate 2020 中所创建的图形、按钮或影片剪辑。一旦被创建，就会被自动添加到当前影片的库中，然后可以在当前影片或其他影片中重复使用。用户创建的所有元件都会自动变为当前文件的库的一部分。

元件在 Animate 2020 影片中是一种比较特殊的对象，它在 Animate 2020 中只需创建一次，然后可以在整部电影中反复使用，而不会显著增加文件的大小。元件可以是任何静态的图形，也可以是连续的动画，甚至还能将动作脚本添加到元件中，以便对元件进行更复杂的控制。当用户创建元件后，元件都会自动成为影片库中的一部分。通常应将元件当作主控对象保存在库中，将元件放入影片中时使用的是主控对象的实例，而不是主控对象本身，所以修改元件的实例并不会影响元件本身。

■ 5.1.3 创建按钮元件

按钮元件是 Animate 影片中创建互动功能的重要组成部分，效果如图 5-51 所示。下面介绍创建按钮元件的方法。

图 5-51

01 按 Ctrl+N 组合键，在弹出的【新建文档】对话框中将【宽】、【高】分别设置为 350、120，【平台类型】设置为 ActionScript 3.0，单击【创建】按钮，在【属性】面板中将【背景颜色】设置为 #666666，如图 5-52 所示。

图 5-52

02 在菜单栏中选择【插入】|【新建元件】命令或按 Ctrl+F8 组合键，如图 5-53 所示。

图 5-53

03 弹出【创建新元件】对话框，将【名称】设置为"按钮"，将【类型】设置为【按钮】，如图 5-54 所示。

04 单击【确定】按钮，即可进入按钮元件的编辑界面，如图 5-55 所示。

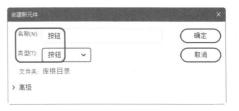

图 5-54

图 5-55

05 在【时间轴】面板中选择"图层 _1"的弹起帧，如图 5-56 所示。

图 5-56

06 在菜单栏中单击【基本矩形工具】按钮▦，在【属性】面板中将【填充颜色】设置为 #D8C9C8，【笔触颜色】设置为无，在【矩形选项】选项组中单击【矩形边角半径】按钮 ⬭，将【矩形边角半径】设置为 20，如图 5-57 所示。

图 5-57

07 在舞台中绘制圆角矩形，在【属性】面板中将【宽】、【高】分别设置为 330、105，如图 5-58 所示。

08 打开【对齐】面板，在该面板中勾选【与舞台对齐】复选框，单击【水平中齐】按钮与【垂直中齐】按钮，如图 5-59 所示。

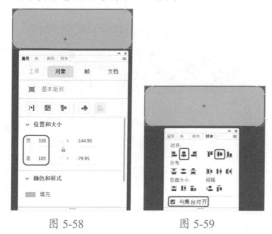

图 5-58　　　　　图 5-59

09 使用【基本矩形工具】在舞台中绘制圆角矩形，在【属性】面板中将【宽】、【高】分别设置为 315、87，【填充颜色】设置为 #6699CC，并在【对齐】面板中将其中心与舞台中心对齐，如图 5-60 所示。

图 5-60

10 在【时间轴】面板中选择"图层_1"的按下帧，并单击鼠标右键，在弹出的快捷菜单中选择【插入帧】命令，如图 5-61 所示。

11 在【时间轴】面板中单击【新建图层】按钮⊞，新建"图层_2"，如图 5-62 所示。

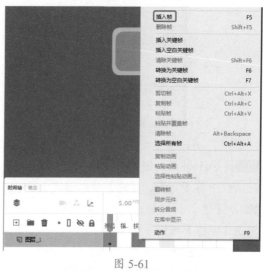

图 5-61

图 5-62

12 使用【基本矩形工具】在舞台中绘制一个圆角矩形，在【属性】面板中将【宽】、【高】分别设置为 315、83，【填充颜色】设置为 #0099FF，并将其与舞台中心对齐，如图 5-63 所示。

图 5-63

13 在【时间轴】面板中选择"图层_2"的指针经过帧，并按 F6 键插入关键帧，如图 5-64 所示。

14 在舞台中选择新绘制的圆角矩形，在【属性】面板中将【填充颜色】设置为 #66CCFF，如图 5-65 所示。

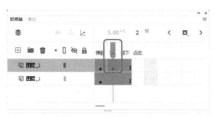

图 5-64

图 5-65

15 在【时间轴】面板中单击【新建图层】按钮，新建"图层_3"，然后选择"图层3"的弹起帧，如图 5-66 所示。

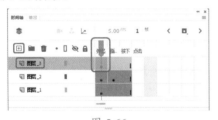

图 5-66

16 使用【基本选择工具】在舞台中绘制圆角矩形，在【属性】面板中将【宽】、【高】分别设置为 315、83，并将其中心与舞台中心对齐，如图 5-67 所示。

图 5-67

17 打开【颜色】面板，将【填充颜色】的【颜色类型】设置为【径向渐变】，单击渐变条左侧的色标，将 RGB 值设置为 255、255、255，将 A 值设置为 0%，如图 5-68 所示。

18 单击渐变条右侧的色标，将 A 值设置为 60%，如图 5-69 所示。

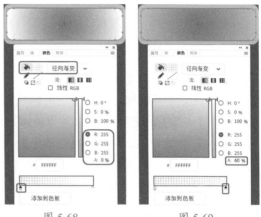

图 5-68　　　　　　图 5-69

19 在【时间轴】面板中单击【新建图层】按钮，新建"图层_4"，选择"图层_4"的弹起帧，如图 5-70 所示。

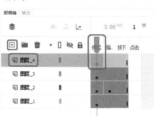

图 5-70

20 在工具栏中单击【椭圆工具】按钮 ● 并开启【对象绘制】，在舞台中绘制椭圆形。在【属性】面板中将【宽】、【高】分别设置为 304.1、20，将 X、Y 分别设置为 -152.05、-41.5，如图 5-71 所示。

图 5-71

21 在【时间轴】面板中单击【新建图层】按钮，新建"图层_5"，然后选择"图层_5"的弹起帧，如图 5-72 所示。

图 5-72

22 在工具栏中单击【文本工具】按钮，在舞台中输入文字。选中输入的文字，在【属性】面板中将【字体】设置为【方正超粗黑简体】，将【大小】设置为30pt，将【填充颜色】设置为白色，将【填充 Alpha】设置为100%，在【段落】选项组中单击【居中对齐】按钮，并单击【对齐】面板中的【水平中齐】按钮与【垂直中齐】按钮，如图 5-73 所示。

图 5-73

23 在【时间轴】面板中选择"图层_5"的指针经过帧，并按F6键插入关键帧，如图 5-74 所示。

图 5-74

24 在【属性】面板中将文字的【填充 Alpha】设置为0%，如图 5-75 所示。

图 5-75

25 在【时间轴】面板中单击【新建图层】按钮，新建"图层_6"，然后选择"图层_6"的指针经过帧，并按F6键插入关键帧，如图 5-76 所示。

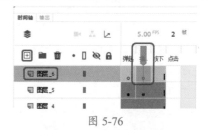

图 5-76

26 使用【文本工具】在舞台中输入文字，选中输入文字，在【属性】面板中将【大小】设置为45pt，将【填充颜色】设置为白色，将【填充 Alpha】设置为100%，并将其中心与舞台的中心对齐，如图 5-77 所示。

27 在【时间轴】面板中选择"图层_6"的按下帧，然后按F6键插入关键帧，如图 5-78 所示。

图 5-77

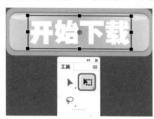

图 5-78

28 在工具栏中单击【任意变形工具】按钮
▣，按住 Shift 键的同时，向外拖动文字的任
意一角，使其等比放大，如图 5-79 所示。

图 5-79

29 返回至场景 1 中，即可完成按钮元件的
创建，在【库】面板中将按钮元件选中并按
住鼠标将其拖曳至舞台中，将其中心与舞台
中心对齐，如图 5-80 所示。

图 5-80

30 在【属性】面板中单击【滤镜】选项组
中的【添加滤镜】按钮＋，在弹出的下拉列
表中选择【斜角】选项，如图 5-81 所示。

图 5-81

31 在【斜角】选项组中将【阴影颜色】、【加
亮显示】均设置为 #999999，如图 5-82 所示。

图 5-82

32 设置完成后按 Ctrl+Enter 组合键即可测试
影片效果，如图 5-83 所示。

图 5-83

■ 5.1.4 转换为元件

在舞台中选择要转换为元件的图形对象，然后在菜单栏中选择【修改】|【转换为元件】命令或按 F8 键，弹出【转换为元件】对话框，如图 5-84 所示，在该对话框中设置要转换的元件类型，然后单击【确定】按钮。

图 5-84

> 提示：在选择的图形对象上单击鼠标右键，在弹出的快捷菜单中选择【转换为元件】命令，也可以打开【转换为元件】对话框。

■ 5.1.5 编辑元件

在【库】面板中双击需要编辑的元件，当进入元件编辑模式时，可以对元件进行编辑修改。或者在需要编辑的元件上单击鼠标右键，在弹出的快捷菜单中选择【编辑】命令，如图 5-85 所示。

也可以通过舞台上的元件进行修改。在舞台中选择需要修改的元件，单击鼠标右键，在弹出的快捷菜单中选择【编辑元件】、【在当前位置编辑】、【在新窗口中编辑】或【编辑所选项】命令，如图 5-86 所示。

图 5-85

图 5-86

◎ 【编辑元件】、【编辑所选项】：可将窗口从舞台视图更改为只显示该元件的单独视图。正在编辑的元件名称会显示在舞台上方的信息栏内。

◎ 【在当前位置编辑】：可以在元件和其他对象同在的舞台上编辑元件，其他对象将以灰显方式出现，从而与正在编辑的元件区别开。正在编辑的元件名称会显示在舞台上方的信息栏内。

◎ 【在新窗口中编辑】：可以在一个单独的窗口中编辑元件。在单独的窗口中编辑元件可以同时看到该元件和主时间轴，正在编辑的元件名称会显示在舞台上方的信息栏内。

■ 5.1.6 元件的基本操作

元件的一些基本操作，包括替换元件、复制元件及删除元件等，下面分别介绍。

1. 替换元件

在 Animate 2020 中，场景中的实例可以被替换成另一个元件的实例，并保存原实例的初始属性。替换元件的具体操作步骤如下。

`01` 打开素材文件"素材\Cha05\元件的基本操作.fla"，在场景中选择需要替换的实例，如图 5-87 所示。

图 5-87

`02` 打开【属性】面板，在该面板中将【色彩效果】选项组中的【颜色样式】设置为【亮度】，将【亮度】设置为 60%，如图 5-88 所示。

图 5-88

`03` 在【属性】面板中单击【交换元件】按钮，如图 5-89 所示。或在菜单栏中选择【修

改】|【元件】|【交换元件】命令，或在实例上单击鼠标右键，在弹出的快捷菜单中选择【交换元件】命令。

图 5-89

`04` 弹出【交换元件】对话框，在该对话框中选择需要替换的元件，如图 5-90 所示。

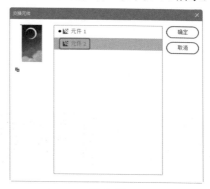

图 5-90

`05` 单击【确定】按钮，可以看到，舞台中的实例已经被替换，但还保留了被替换实例的色彩效果，如图 5-91 所示。

图 5-91

提示：如果在【交换元件】对话框中单击【直接复制元件】按钮，那么在弹出的【直接复制元件】对话框中设置完成并单击【确定】按钮后，会再次返回到【交换元件】对话框中，并且新复制的元件会显示在【交换元件】对话框的列表中，单击【交换元件】对话框中的【确定】按钮，才能完成复制元件的操作。

2. 复制元件

用户往往花费大量的时间创建某个元件后，结果却发现这个新创建的元件与另一个已存在的元件只存在很小的差异，对于这种情况，用户可以使用现有的元件作为创建新元件的起点，即复制元件后再进行修改，从而提高工作效率。

下面介绍直接复制元件的方法，具体操作步骤如下。

01 在舞台中选择需要复制的实例，如图 5-92 所示。

图 5-92

02 在菜单栏中选择【修改】|【元件】|【直接复制元件】命令，如图 5-93 所示。

03 弹出【直接复制元件】对话框，在【元件名称】文本框中输入复制的元件的新名称，如图 5-94 所示。

图 5-93

图 5-94

提示：在选择的实例上单击鼠标右键，在弹出的快捷菜单中选择【直接复制元件】命令，或者在【属性】面板中单击【交换元件】按钮，在弹出的【交换元件】对话框中选择需要复制的元件后，单击左侧的【直接复制元件】按钮，也可以打开【直接复制元件】对话框。

04 单击【确定】按钮，即可完成直接复制元件的操作，从【库】面板中可以看到新复制的元件，如图 5-95 所示。

图 5-95

3. 删除元件

在 Animate 2020 中，可以将不需要的元件删除，删除元件的方法如下。

◎ 在【库】面板中选择需要删除的元件，然后按键盘上的 Delete 键。

◎ 在【库】面板中选择需要删除的元件，然后单击面板底部的【删除】按钮 。

◎ 在【库】面板中选择需要删除的元件，并单击鼠标右键，在弹出的快捷菜单中选择【删除】命令，如图 5-96 所示。

图 5-96

■ 5.1.7　元件的相互转换

一种元件被创建后，其类型并不是不可改变的，它可以在图形、按钮和影片剪辑这 3 种元件类型之间转换，同时保持原有特性不变。

要将一种元件转换为另一种元件，首先要在【库】面板中选择该元件，然后在该元件上单击鼠标右键，在弹出的快捷菜单中选择【属性】命令，打开【元件属性】对话框，在其中选择要改变的元件类型，然后单击【确定】按钮，如图 5-97 所示。

图 5-97

知识链接：元件的优点

在动画中使用元件有 4 个显著的优点，如下所述。

在使用元件时，由于一个元件在浏览中只需下载一次，这样就可以加快影片的播放速度，避免重复下载同一对象。

使用元件可以简化编辑影片的操作。在影片编辑过程中，可以把需要多次使用的元素制成元件，若修改元件，则由同一元件生成的所有实例都会随之更新，而不必逐一对所有实例进行更改，这样就大大节省了创作时间，提高了工作效率。

制作运动类型的过渡动画效果时，必须将图形转换成元件，否则将失去透明度等属性，而且不能制作补间动画。

若使用元件，则在影片中只会保存元件，而不管该影片中有多少个该元件的实例，它们都是以附加信息保存的，即用文字性的信息说明实例的位置和其他属性，所以保存一个元件的几个实例比保存该元件内容的多个副本占用的存储空间小。

5.2　实例的应用

本节将讲解实例的应用，包括编辑、属性。

■ 5.2.1　实例的编辑

在库中存在元件的情况下，选中元件并将其拖动到舞台中即可完成实例的创建。由于实例的创建源于元件，因此只要元件被修改编辑，那么所关联的实例也将会被更新。应用各实例时需要注意，影片剪辑实例的创建和包含动画的图形实例的创建是不同的，电影片段只需要一个帧就可以播放动画，而且编辑环境中不能演示动画效果；而包含动画的图形实例，则必须在与其元件同样长的帧中放置，才能显示完整的动画。

创建元件的新实例的具体操作步骤如下。

01 在【时间轴】面板中选择要放置实例的图层。Animate 2020 只能把实例放在【时间轴】面板的关键帧中，并且总是放置于当前图层上。如果没有选择关键帧，该实例将被添加到当前帧左侧的第 1 个关键帧上。

02 在菜单栏中选择【窗口】|【库】命令，打开影片的库。

03 将要创建实例的元件从库中拖到舞台上。

04 释放鼠标后，就会在舞台上创建元件的一个实例，然后就可以在影片中使用此实例或者对其进行编辑操作。

■ 5.2.2 实例的属性

在【属性】面板中可以对实例进行指定名称、改变属性等操作。

1. 指定实例名称

如果要给实例指定名称，具体操作步骤如下。

01 在舞台上选择要定义名称的实例。

02 在【属性】面板左侧的【实例名称】文本框内输入该实例的名称，只有按钮元件和影片剪辑元件可以设置实例名称，分别如图 5-98 和图 5-99 所示。

图 5-98

图 5-99

创建元件的实例后，使用【属性】面板还可以指定实例的颜色效果和动作，设置图形显示模式或更改实例的行为。除非用户另外指定，否则实例的行为与元件行为相同。对实例所做的任何更改都只影响该实例，并不影响元件。

2. 更改实例属性

每个元件实例都可以有自己的色彩效果，要设置实例的颜色和透明度选项，可使用【属性】面板，【属性】面板中的设置也会影响放置在元件内的位图。

要改变实例的颜色和透明度，可以从【属性】面板中的【色彩效果】选项组下的【颜色样式】下拉列表中选择，如图 5-100 所示。

图 5-100

◎ 【无】：不设置颜色效果，此项为默认设置。

◎ 【亮度】：用来调整图像的相对亮度和暗度。明亮值为 -100% ~ 100%，100% 为白色，-100% 为黑色。其默认值为 0。可直接输入数字，也可通过拖曳滑块来调节，如图 5-101 所示。

图 5-101

◎ 【色调】：用来增加某种色调。可用颜色拾取器，也可以直接输入红、绿、蓝颜色值。RGB 后有三个空格，分别对应 Red(红色)、Green(绿色)、Blue(蓝色) 的值。使用游标可以设置色调百分比。数值为 0% ~ 100%，数值为 0% 时，不受影响，数值为 100% 时，所选颜色将完全取代原有颜色，如图 5-102 所示。

图 5-102

◎ 【高级】：用来调整实例中的红、绿、蓝和透明度。该选项包含如图 5-103 所示的参数设置。

图 5-103

◎ Alpha(不透明度)：用来设定实例的透明度，数值为 0% ~ 100%，数值为 0% 时，实例完全不可见，数值为 100% 时，实例将完全可见。可以直接输入数字，也可以拖曳滑块来调节，如图 5-104 所示。

图 5-104

在【高级】选项下，可以单独调整实例元件的红、绿、蓝三原色和 Alpha(透明度) 值，这在制作颜色变化非常精细的动画时非常有用。每一项都通过两列文本框来调整，左列的文本框用来输入减少相应颜色分量或透明度的比例，右列的文本框通过具体数值来增加或减小相应颜色或透明度的值。

【高级】选项下的红、绿、蓝和Alpha(透明度)的值都乘以百分比值，然后加上右列中的常数值，就会产生新的颜色值。例如，如果当前红色值是100，把红色道左侧的滑块设置到50%，并把右侧滑块设置到100%，就会产生一个新的红色值150[(100×0.5)+100=150]。

> 提示：【高级】选项的高级设置执行函数(a×y+b)=x中的a是文本框左列设置中指定的百分比，y是原始位图的颜色，b是文本框右侧设置中指定的值，x是生成的效果(RGB值在0到255之间，Alpha透明度值在0%~100%)。

3. 给实例指定元件

用户可以给实例指定不同的元件，从而在舞台上显示不同的实例，并保留所有的原始实例属性。给实例指定不同的元件的操作步骤如下。

01 在舞台上选择实例，然后在【属性】面板中单击【交换元件】按钮⇄，打开【交换元件】对话框，如图5-105所示。

图 5-105

02 在【交换元件】对话框中选择一个元件，替换当前指定给该实例的元件。要复制选定的元件，可单击对话框底部的【直接复制元件】按钮。如果制作的是几个具有细微差别的元件，则复制操作可使用户在库中现有元件的基础上建立一个新元件。

03 单击【确定】按钮。

4. 改变元件类型

无论是直接在舞台创建的还是从元件拖曳出的实例，都保留了其元件的类型。在制作动画时如果想将元件转换为其他类型，可以通过【属性】面板在三种元件类型之间进行转换，如图5-106所示。按钮元件的选项设置如图5-107所示。

图 5-106

图 5-107

图形元件的选项设置如图5-108所示。

◎ 【循环】：令包含在当前实例中的序列动画循环播放。

◎ 【播放一次】：从指定帧开始，只播放动画一次。

◎ 【单帧】：显示序列动画指定的一帧。

图 5-108

 【实战】 制作卷轴画

卷轴画，是一种在纸和绢上画成的艺术作品，历史相当悠久，绘画风格也经历了多次的变化，形成了浓厚的民族风格和鲜明的时代特色，完成后的效果如图 5-109 所示。

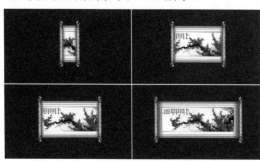

图 5-109

素材	素材 \Cha05\ 画 .png、画轴 1.png、画轴 2.png
场景	场景 \Cha05\【实战】制作卷轴画 .fla
视频	视频教学 \Cha05\【实战】制作卷轴画 .mp4

01 按 Ctrl+N 组合键，在弹出的【新建文档】对话框中将【宽】、【高】分别设置为 793、448，将 FPS 设置为 30，将【平台类型】设置为 ActionScript 3.0，单击【创建】按钮，在【属性】面板中将【背景颜色】设置为 #58000E，如图 5-110 所示。

图 5-110

02 在菜单栏中选择【文件】|【导入】|【导入到库】命令，如图 5-111 所示。

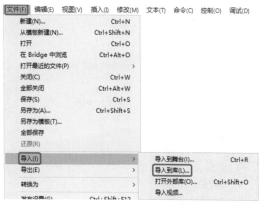

图 5-111

03 在弹出的【导入到库】对话框中选择"素材 \Cha05\ 画 .png、画轴 1.png、画轴 2.png"素材文件，单击【打开】按钮。按 Ctrl+F8 组合键，弹出【创建新元件】对话框，将【名称】设置为"卷轴画"，将【类型】设置为【影片剪辑】，如图 5-112 所示。

图 5-112

04 设置完成后，单击【确定】按钮。在【库】面板中选择"画 .png"素材文件，按住鼠标将其拖曳至舞台中，选中舞台中的对象，在

【属性】面板中将【宽】、【高】分别设置为511.9、275.25,将X、Y分别设置为234、6,如图5-113所示。

图 5-113

05 在【时间轴】面板中选择"图层_1"的第58帧,右击鼠标,在弹出的快捷菜单中选择【插入帧】命令,如图5-114所示。

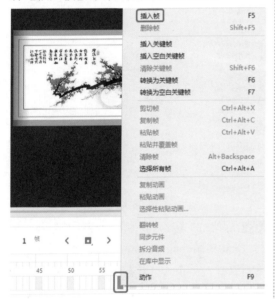

图 5-114

06 在【时间轴】面板中单击【新建图层】按钮田,新建"图层_2"图层,在工具栏中单击【矩形工具】按钮▢,在舞台中绘制一个矩形,选中该矩形,在【属性】面板中将【宽】、【高】分别设置为958.15、272.3,将X、Y均设置为0,将【填充颜色】设置为黑色,【笔触颜色】设置为无,如图5-115所示。

图 5-115

07 继续选中该矩形,按F8键,在弹出的【转换为元件】对话框中将【名称】设置为"矩形",将【类型】设置为【图形】,如图5-116所示。

图 5-116

08 设置完成后,单击【确定】按钮。选中该元件,在【属性】面板中将【宽】、【高】分别设置为67.7、272.3,将X、Y分别设置为458.1、23,如图5-117所示。

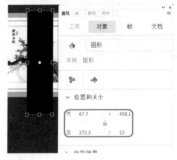

图 5-117

09 在【时间轴】面板中选择"图层_2"的第58帧,按F6键插入一个关键帧,选中该帧上的元件,在【属性】面板中将【宽】、【高】分别设置为507.95、272.3,将X、Y分别设置为238、23,如图5-118所示。

图 5-118

10 在【时间轴】面板中选择"图层_2"的第 30 帧，右击鼠标，在弹出的快捷菜单中选择【创建传统补间】命令，如图 5-119 所示。

图 5-119

11 继续在【时间轴】面板中选择"图层_2"，右击鼠标，在弹出的快捷菜单中选择【遮罩层】命令，如图 5-120 所示。

> 提示：遮罩层可以将与遮罩层相链接的图层中的图像遮盖起来。用户可以将多个层组合放在一个遮罩层下，以创建出多样的效果。在图层中将遮罩层放在上面，被遮罩层放在其下面。

12 在【时间轴】面板中新建图层，在【库】面板中选择素材文件"画轴 1.png"，按住鼠标将其拖曳至舞台中。选中该对象，按 F8 键，

在弹出的【转换为元件】对话框中将【名称】设置为"画轴 1"，将【类型】设置为【图形】，设置完成后，单击【确定】按钮。选中该元件，在【属性】面板中将 X、Y 分别设置为452.5、0，如图 5-121 所示。

图 5-120

图 5-121

13 在【时间轴】面板中选择"图层_3"的第 58 帧，按 F6 键插入关键帧，选中该帧上的元件，在【属性】面板中将 X、Y 分别设置为 218、0，如图 5-122 所示。

图 5-122

14 在【时间轴】面板中选择"图层_3"的第 30 帧，右击鼠标，在弹出的快捷菜单中选择【创建传统补间】命令，如图 5-123 所示。

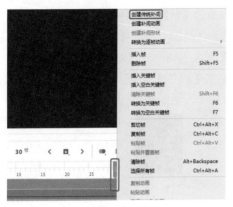

图 5-123

15 在【时间轴】面板中新建图层，在【库】面板中选择"画轴2.png"素材文件，按住鼠标将其拖曳至舞台中。选中该素材文件，按F8键，在弹出的对话框中将【名称】设置为"画轴2"，将【类型】设置为【图形】，设置完成后，单击【确定】按钮。选中该元件，在【属性】面板中将X、Y分别设置为486、0，如图5-124所示。

图 5-124

16 在【时间轴】面板中选择"图层4"的第58帧，按F6键插入关键帧，选中该帧上的元件，在【属性】面板中将X、Y分别设置为718、0，如图5-125所示。

图 5-125

17 在【时间轴】面板中选择"图层4"的第30帧，右击鼠标，在弹出的快捷菜单中选择【创建传统补间】命令，如图5-126所示。

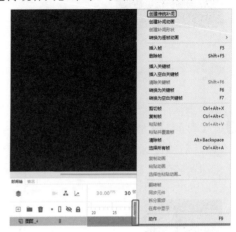

图 5-126

18 在【时间轴】面板中新建图层，选择"图层_5"的第58帧，按F6键插入关键帧，按F9键打开【动作】面板，在该面板中输入代码 stop();，如图5-127所示。

图 5-127

19 输入完成后，将【动作】面板关闭，返回至【场景1】中，在【库】面板中选择【卷轴画】影片剪辑元件，按住鼠标将其拖拽至舞台中，在舞台中调整其位置，效果如图5-128所示。

图 5-128

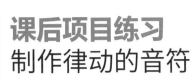

课后项目练习
制作律动的音符

音符是用来记录不同长短音的符号，不同音符之间的碰撞产生了优美的旋律。本例将介绍音符动画的制作，主要是通过导入两组序列图片完成的，效果如图 5-129 所示。

课后项目练习效果展示

图 5-129

课后项目练习过程概要

`01` 导入素材文件"律动音符背景 .jpg"，作为音符的背景，创建"曲线""音符"元件。

`02` 在【库】面板中将元件拖曳至舞台中，在【变形】面板中进行缩放，并调整素材位置。

素材	素材 \Cha05\ 律动音符背景 .jpg、律动线条文件夹、律动音符文件夹
场景	场景 \Cha05\ 制作律动的音符 .fla
视频	视频教学 \Cha05\ 制作律动的音符 .mp4

`01` 按 Ctrl+N 快捷组合键，弹出【新建文档】对话框，将【宽】、【高】分别设置为 882 像素、622 像素，将【帧速率】设置为 10，将【平台类型】设置为 ActionScript3.0，单击【创建】按钮，按 Ctrl+R 快捷组合键，弹出【导入】对话框，选

择素材 \Cha05\【律动音符背景 .jpg】素材文件，单击【打开】按钮，将素材文件导入到舞台中，在【对齐】面板中勾选【与舞台对齐】复选框，单击【水平中齐】按钮 与【垂直中齐】按钮，单击【匹配宽和高】按钮，如图 5-130 所示。

图 5-130

`02` 按 Ctrl+F8 组合键，弹出【创建新元件】对话框，将【名称】设置为"曲线"，将【类型】设置为【影片剪辑】，如图 5-131 所示，单击【单击】确定。

图 5-131

`03` 按 Ctrl+R 组合键，弹出【导入】对话框，在该对话框中选择"素材 \Cha05\ 律动线条 \01.png"素材文件，单击【打开】按钮，在弹出的 Adobe Animate 对话框中，单击【是】按钮，如图 5-132 所示，即可导入序列图像。

图 5-132

`04` 返回到场景 1 中，在【时间轴】面板中锁定"图层 _1"，然后单击【新建图层】按钮田，新建"图层 _2"，如图 5-133 所示。

图 5-133

05 在【库】面板中将"曲线"影片剪辑元件拖曳至舞台中，按 Ctrl+T 组合键，弹出【变形】面板，将【缩放宽度】、【缩放高度】分别设置为 34.5%、29.8%，并将其调整至合适的位置，如图 5-134 所示。

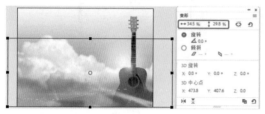

图 5-134

06 按 Ctrl+F8 组合键，弹出【创建新元件】对话框，将【名称】设置为"音符"，将【类型】设置为【影片剪辑】，如图 5-135 所示，单击【确定】按钮。

图 5-135

07 按 Ctrl+R 组合键，弹出【导入】对话框，在该对话框中选择"素材 \Cha05\ 律动音符 \001.png"素材文件，单击【打开】按钮，在弹出的对话框中单击【是】按钮，即可导入序列图片，如图 5-136 所示。

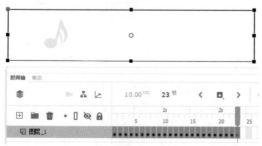

图 5-136

08 返回到场景 1 中，在【时间轴】面板中锁定"图层_2"，并新建"图层_3"。在【库】面板中将"音符"影片剪辑元件拖曳至舞台中，在【变形】面板中将【缩放宽度】、【缩放高度】均设置为 26.1%，在舞台中调整元件的位置，如图 5-137 所示。

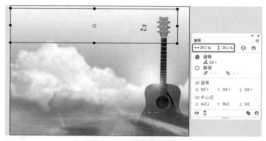

图 5-137

> 提示：在【变形】面板的第一行中就可以改变宽度和高度参数，当后面的【约束】按钮显示成 ↻ 状态的时候，输入宽度和高度中的任何一个参数，两者都进行等比例缩放。

09 至此，完成该动画的制作，然后将场景文件保存并导出影片，如图 5-138 所示。

图 5-138

第 06 章

制作旅游宣传广告——补间与多场景动画的制作

本章导读：

　　本章主要介绍如何利用传统补间命令创建简单的动画效果，通过应用引导层功能创建形状间的连贯运动效果，运用遮罩功能创建不同方式的动画效果。

【案例精讲】
制作旅游宣传广告

为了更好地完成本设计案例，现对制作要求及设计内容做如下规划，效果如图 6-1 所示。

作品名称	制作旅游宣传广告
作品尺寸	800 像素 ×600 像素
设计创意	本案例通过制作旅游宣传广告，了解补间与多场景动画的制作要点
主要元素	(1) 图片素材 (2) 背景音乐素材 (3) 文字
应用软件	Adobe Animate 2020
素材	素材 \Cha06\ 小图 01.jpg、小图 02.jpg、小图 03.jpg、小图 04.jpg、大图 1.jpg、大图 2.jpg、大图 3.jpg、大图 4.jpg、背景音乐 .mp3
场景	场景 \Cha06\【案例精讲】制作旅游宣传广告 .fla
视频	视频教学 \Cha06\【案例精讲】制作旅游宣传广告 .mp4
旅游宣传广告效果欣赏	

图 6-1

01 按 Ctrl+N 组合键，弹出【新建文档】对话框，将【宽】、【高】分别设置为 800、600，【帧速率】设置为 24，【平台类型】设置为 ActionScript 3.0，单击【创建】按钮，在【属性】面板中将【背景颜色】设置为 #990000。在菜单栏中选择【文件】|【导入】|【导入到库】命令，如图 6-2 所示。

02 弹出【导入到库】对话框，选择"素材 \Cha06\ 背景音乐 .mp3、大图 1.jpg、大图 2.jpg、大图 3.jpg、大图 4.jpg、小图 01.jpg、小图 02.jpg、小图 03.jpg、小图 04.jpg"素材文件，单击【打开】按钮，将素材文件导入库中。按 Ctrl+F8 组合键，在弹出的【创建新元件】对话框中将【名称】设置为"图片切换"，将【类型】设置为【影片剪辑】，如图 6-3 所示，单击【确定】按钮。

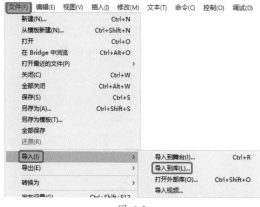

图 6-2

图 6-3

03 单击【确定】按钮，在工具栏中单击【线条工具】按钮，在【属性】面板中开启【对象绘制模式】，在舞台中按住 Shift 键绘制一条垂直的直线，选中绘制的图形，在【属性】面板中将【高】设置为 600，将【笔触颜色】设置为 #FFFFFF，将【笔触大小】设置为 1.5，如图 6-4 所示。

图 6-4

04 选中该图形，按 F8 键，在弹出的【转换为元件】对话框中将【名称】设置为"线"，将【类型】设置为【图形】，并调整其对齐方式，如图 6-5 所示。

图 6-5

05 设置完成后，单击【确定】按钮。选中该图形元件，在【属性】面板中将 X、Y 分别设置为 400、−300，将【颜色样式】设置为 Alpha，将 Alpha 设置为 0%，如图 6-6 所示。

图 6-6

06 选中该图层的第 105 帧，按 F5 键插入帧。选中该图层的第 10 帧，按 F6 键插入关键帧，选中该帧上的元件，在【属性】面板中将 Y 设置为 300，将【颜色样式】设置为无，如图 6-7 所示。

图 6-7

07 选中该图层的第 5 帧，右击鼠标，在弹出的快捷菜单中选择【创建传统补间】命令，如图 6-8 所示。

图 6-8

08 在【时间轴】面板中单击【新建图层】按钮 ⊞，新建"图层_2"，选择第 10 帧，按 F6 键插入关键帧。在【库】面板中选择素材文件"小图01.jpg"，按住鼠标将其拖曳至舞台中。选中该图像，在【属性】面板中将【宽】、【高】分别设置为 400、600，如图 6-9 所示。

图 6-9

09 继续选中该图像，按 F8 键，在弹出的对话框中将【名称】设置为"切换图01"，将【类型】设置为【影片剪辑】，如图 6-10 所示。

图 6-10

10 设置完成后，单击【确定】按钮。在【属性】面板中将 X、Y 分别设置为 200、300，将【颜色样式】设置为【高级】，并设置其参数，如图 6-11 所示。

图 6-11

11 选择该图层的第 25 帧，按 F6 键插入关键帧。选中该帧上的元件，在【属性】面板中将【颜色样式】设置为无，如图 6-12 所示。

图 6-12

12 选中该图层的第 17 帧，右击鼠标，在弹出的快捷菜单中选择【创建传统补间】命令，创建传统补间后的效果如图 6-13 所示。

图 6-13

13 在【时间轴】面板中选择"图层_1"，右击鼠标，在弹出的快捷菜单中选择【复制图层】命令，如图 6-14 所示。

图 6-14

14 将"图层_1_复制"调整至"图层_2"的上方，将"图层_1_复制"的第 1 帧和第 10 帧分别移动至第 25 帧和第 34 帧处。选中第 25 帧上的元件，在【属性】面板中将 X 设置为 800，如图 6-15 所示。

图 6-15

15 选中第 34 帧上的元件，在【属性】面板中将 X 设置为 800，如图 6-16 所示。

图 6-16

16 在【时间轴】面板中新建"图层_3"，在该图层中选中第 34 帧，按 F6 键插入关键帧，在【库】面板中选择素材文件"小图02.jpg"，按住鼠标将其拖曳至舞台中，选中该图像，在【属性】面板中将【宽】、【高】分别设置为 400、600，如图 6-17 所示。

图 6-17

17 选中该图像，按 F8 键，在弹出的对话框中将【名称】设置为"切换图02"，将【类型】设置为【影片剪辑】，如图 6-18 所示。

图 6-18

18 设置完成后，单击【确定】按钮。选中该元件，在【属性】面板中将 X、Y 分别设置为 601、300，将【颜色样式】设置为【高级】，并调整其参数，如图 6-19 所示。

19 选中该图层的第 49 帧，按 F6 键插入关键帧，选中该帧上的元件，在【属性】面板中将【颜色样式】设置为无，如图 6-20 所示。

20 在该图层的第 40 帧位置处右击鼠标，在弹出的快捷菜单中选择【创建传统补间】命令，效果如图 6-21 所示。

图 6-19

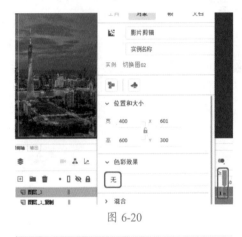

图 6-20

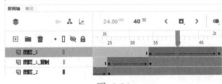

图 6-21

21 在【时间轴】面板中新建"图层_4"，选中该图层的第 49 帧，按 F6 键插入关键帧。在【库】面板中将素材文件"小图 03.jpg"拖曳至舞台中，将其【宽】、【高】分别设置为 400、600，如图 6-22 所示。

22 选中该图像，按 F8 键，在弹出的对话框中将【名称】设置为"切换图 03"，将【类型】设置为【影片剪辑】，如图 6-23 所示。

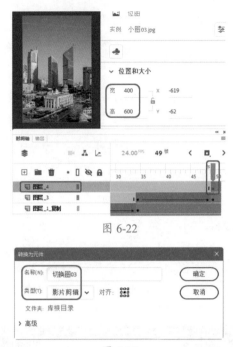

图 6-22

图 6-23

23 设置完成后，单击【确定】按钮。在【属性】面板中将 X、Y 分别设置为 200、300，将【颜色样式】设置为【高级】，并设置其参数，如图 6-24 所示。

图 6-24

24 选中该图层的第 75 帧，按 F6 键插入关键帧。选中该帧上的元件，在【属性】面板中将【颜色样式】设置为无，如图 6-25 所示。

图 6-25

25 选中该图层的第 68 帧并右击鼠标，在弹出的快捷菜单中选择【创建传统补间】命令，使用同样的方法创建右侧的切换动画，效果如图 6-26 所示。

图 6-26

26 在【时间轴】面板中新建【图层_6】，选中该图层的第 105 帧，按 F6 键插入关键帧，选中关键帧，按 F9 键，在弹出的【动作】面板中输入代码【stop();】，如图 6-27 所示。

图 6-27

27 将该面板关闭，返回至场景 1 中，在【库】面板中将"图片切换"影片剪辑拖曳至舞台

中。选中该元件，在【属性】面板中将 X、Y 分别设置为 -1、0，如图 6-28 所示。

图 6-28

28 选中该图层的第 110 帧，按 F7 键，插入空白关键帧，在【库】面板中将"大图 1.jpg"素材文件拖曳至舞台中。选中该图像，在【对齐】面板中勾选【与舞台对齐】复选框，单击【匹配宽和高】按钮、【水平中齐】按钮、【垂直中齐】，如图 6-29 所示。

图 6-29

29 选中该图像，按 F8 键，在弹出的对话框中将【名称】设置为"背景 01"，如图 6-30 所示，单击【确定】按钮。

图 6-30

30 选中该元件，在【属性】面板中将【颜色样式】设置为【高级】，并设置其参数，如图6-31所示。

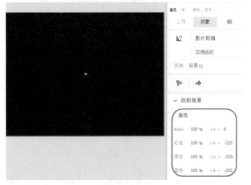

图 6-31

31 选中该图层的第124帧，按F6键插入关键帧。选中帧上的元件，在【属性】面板中调整【颜色样式】的参数，如图6-32所示。

图 6-32

32 选中该图层的第130帧，按F6键插入关键帧。选中帧上的元件，在【属性】面板中调整【颜色样式】的参数，如图6-33所示。

图 6-33

33 根据前面的方法在第110帧至第124帧、第124帧至第130帧之间创建传统补间动画，效果如图6-34所示。

图 6-34

34 选中该图层的第195帧，按F6键，插入关键帧；然后选中该图层的第215帧，按F6键插入关键帧，选中该帧上的元件，在【属性】面板中调整【颜色样式】的参数，如图6-35所示。

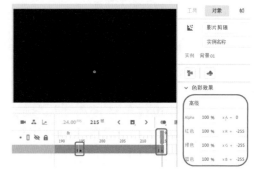

图 6-35

35 选中该图层的第205帧并右击鼠标，在弹出的快捷菜单中选择【创建传统补间】命令。选中该图层的第460帧，按F5键插入帧，按Ctrl+F8组合键，在弹出的对话框中将【名称】设置为"文字动画"，将【类型】设置为【影片剪辑】，如图6-36所示。

图 6-36

36 设置完成后，单击【确定】按钮。在工具栏中单击【文本工具】按钮 T，在舞台中单击鼠标，输入文字。选中输入的文字，在【属性】面板中将【字体】设置为【方正仿宋简体】，将【大小】设置为17pt，将【字距】设置为2，将【填充颜色】设置为 #FFFFFF，如图 6-37 所示。

图 6-37

37 选中该文字，按 F8 键，在弹出的对话框中将【名称】设置为"文字 1"，将【类型】设置为【影片剪辑】，并调整其对齐方式，如图 6-38 所示。

图 6-38

38 设置完成后，单击【确定】按钮。选中该元件，在【属性】面板中将 X、Y 分别设置为 1.8、6.8，单击【滤镜】选项组中的【添加滤镜】按钮 +，在弹出的下拉菜单中选择【模糊】命令，如图 6-39 所示。

39 在【属性】面板中将【模糊 X】、【模糊 Y】都设置为20，将【品质】设置为【高】，如图 6-40 所示。

40 选中该图层的第 20 帧，按 F6 键插入关键帧。选中该帧上的元件，在【属性】面板中将【模糊 X】、【模糊 Y】都设置为0，如图 6-41 所示。

图 6-39

图 6-40

图 6-41

41 选中第 10 帧，右击鼠标，在弹出的快捷菜单中选择【创建传统补间】命令。选中第 60 帧，按 F6 键插入关键帧，然后在第 80 帧位置处添加关键帧。选中该帧上的元件，在【属性】面板中将【颜色样式】设置为 Alpha，将 Alpha 设置为 0%，如图 6-42 所示。

图 6-42

42 选中该图层的第 70 帧并右击鼠标，在弹出的快捷菜单中选择【创建传统补间】命令，创建传统补间后的效果如图 6-43 所示。

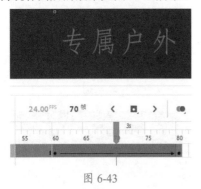

图 6-43

43 使用同样的方法创建其他文字，并将其转换为元件，然后为其添加关键帧，并进行相应的设置，效果如图 6-44 所示。

图 6-44

44 在【时间轴】面板中新建图层，选中该图层的第 80 帧，按 F6 键，插入关键帧。选中该关键帧，按 F9 键，在弹出的面板中输入代码 stop();，如图 6-45 所示。

图 6-45

45 输入完成后，将该面板关闭，返回至场景 1 中。在【时间轴】面板中单击【新建图层】按钮，新建"图层_2"，在第 130 帧处插入关键帧，在【库】面板中选择"文字动画"影片剪辑元件，按住鼠标并将其拖曳至舞台中，调整其位置，效果如图 6-46 所示。

图 6-46

46 选中该图层的第 220 帧，按 F7 键插入空白关键帧。在【库】面板中选择"大图 2.jpg"素材文件，按住鼠标并将其拖曳至舞台中，调整其大小和位置，效果如图 6-47 所示。

47 选中该图像文件，按 F8 键，在弹出的对话框中将【名称】设置为"背景 02"，将【类型】设置为【影片剪辑】，并调整其对齐方式，如图 6-48 所示。

图 6-50

图 6-47

图 6-48

48 设置完成后，单击【确定】按钮。选中该元件，在【属性】面板中将【颜色样式】设置为【高级】，并设置其参数，如图 6-49 所示。

图 6-51

图 6-49

49 选中该图层的第 240 帧，按 F6 键，插入关键帧。选中该帧上的元件，在【属性】面板中调整【颜色样式】的参数，如图 6-50 所示。

50 选中该图层的第 230 帧并右击鼠标，在弹出的快捷菜单中选择【创建传统补间】命令，创建传统补间后的效果如图 6-51 所示。

51 选中该图层的第 310 帧，按 F6 键插入关键帧。再选中该图层的第 330 帧，按 F6 键插入关键帧，选中该帧上的元件，在【属性】面板中调整【颜色样式】的参数，如图 6-52 所示。

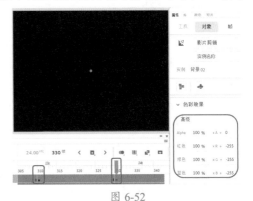

图 6-52

52 选中该图层的第 320 帧并右击鼠标，在弹出的快捷菜单中选择【创建传统补间】命令，使用前面所介绍的方法创建文字动画和其他切换动画，效果如图 6-53 所示。

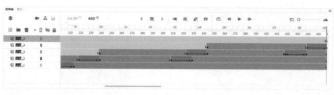

图 6-53

53 在【时间轴】面板中单击【新建图层】按钮，选中该图层的第 460 帧，按 F6 键插入关键帧。选中该关键帧，按 F9 键，在弹出的【动作】面板中输入代码 stop();，如图 6-54 所示。

54 关闭【动作】面板，在【时间轴】面板中单击【新建图层】按钮，在【库】面板中将"背景音乐 .mp3"拖曳至舞台中，为其添加音乐，效果如图 6-55 所示。

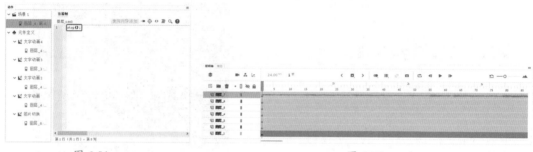

图 6-54   图 6-55

6.1 创建补间动画

Animate 2020 能生成两种类型的补间动画，一种是传统补间，另一种是形状补间。本节将讲解传统补间与形状补间的区别。

6.1.1 传统补间

传统补间动画又叫作中间帧动画、渐变动画，只要建立起始和结束的画面，中间部分由软件自动生成，省去了中间动画制作的复杂过程，这正是 Animate 2020 的迷人之处，补间动画是 Animate 2020 中最常用的动画效果。

利用传统补间方式可以制作出多种类型的动画效果，如位置移动、大小变化、旋转移动、逐渐消失等。只要能够熟练地掌握这些简单的动作补间，就能将它们相互组合，制作出样式更加丰富、效果更加吸引人的复杂动画。

使用传统补间，需要具备以下两个前提条件。

◎ 起始关键帧与结束关键帧缺一不可。

◎ 应用于动作补间的对象必须具有元件或者群组的属性。

为时间轴设置补间效果后，【属性】面板将有所变化，如图 6-56 所示。其中的部分选项及参数说明如下。

图 6-56

◎ 【缓动】：应用于有速度变化的动画效果。当移动滑块在 0 值以上时，实现的是由快到慢的效果；当移动滑块在 0 值以下时，实现的是由慢到快的效果。

◎ 【旋转】：设置对象的旋转效果，包括【自动】、【顺时针】、【逆时针】和【无】4 项。

◎ 【贴紧】：使物体可以附着在引导线上。

◎ 【同步元件】：设置元件动画的同步性。

◎ 【调整到路径】：在路径动画效果中，使对象能够沿着引导线的路径移动。

◎ 【缩放】：应用于有大小变化的动画效果。

6.1.2　补间形状

形状补间和传统补间的主要区别在于形状补间不能应用到实例上，只有被打散的形状图形之间才能产生形状补间。所谓形状图形，由无数个点堆积而成，而不是一个整体。选中该对象时外部没有蓝色边框，而是会显示成掺杂白色小点的图形。通过形状补间可以实现将一幅图形变为另一幅图形的效果。

当将某一帧设置为形状补间后，【属性】面板如图 6-57 所示。如果想取得一些特殊的效果，需要在【属性】面板中进行相应的设置。其中的部分选项及参数说明如下。

图 6-57

◎ 【缓动】：输入 -100 ～ 100 的数，或者通过右边的滑块来调整。如果要慢慢地开始补间形状动画，并朝着动画的结束方向加速补间过程，可以向下拖动滑块或输入 -100 ～ -1 的负值。如果要快速地开始补间形状动画，并朝着动画的结束方向减速补间过程，可以向上拖动滑块或输入 1 ～ 100 的正值。在默认情况下，补间帧之间的变化速率是不变的，通过调节【缓动】数值可以调整变化速率，从而创建更加自然的变形效果。

◎ 【混合】：选择【分布式】选项创建的动画，形状比较平滑和不规则。选择【角形】选项创建的动画，形状会保留明显的角和直线。【角形】只适合于具有锐角转角和直线的混合形状。如果选择的形状没有角，Animate 2020 会还原到分布式补间形状。

要控制更加复杂的动画，可以使用形状提示。形状提示可以标识起始形状和结束形状中相对应的点。形状变形提示点用字母表示，这样可以方便地确定起始形状和结束形状，每次最多可以设定 26 个变形提示点。

> 提示：形状变形提示点在开始关键帧中是黄色的，在结束关键帧中是绿色的，如果不在曲线上则是红色的。

在创建形状补间时，如果完全由 Animate 2020 自动完成创建动画的过程，那么很可能创建出的渐变效果不能令人满意。如果要控制更加复杂或罕见的形状变化，可以使用 Animate 2020 提供的形状提示功能。形状提示会标识起始形状和结束形状中相对应的点。

例如，如果要制作一张动画，其过程是三叶草的三片叶子渐变为 3 棵三叶草。而 Animate 2020 自动完成的动画是表达不出这一效果的。这时就可以使用形状渐变，使三叶草三片叶子上对应的点分别变成三棵草对应的点。

形状提示是用字母 (a~z) 标识起始形状和结束形状中相对应的点，因此一个形状渐变动画中最多可以使用 26 个形状提示点。在创建完形状补间动画后，可以执行【修改】|【形状】|【添加形状提示】命令，为动画添加形状提示。

 【实战】制作花纹旋转文字

本例将介绍花纹旋转文字的制作方法，主要通过为创建的文字和图形添加传统补间，使其达到渐隐渐现的效果，完成后的效果如图 6-58 所示。

图 6-58

素材	素材 \Cha04\ 花纹旋转素材 .jpg
场景	场景 \Cha04【实战】制作花纹旋转文字 .fla
视频	视频教学 \Cha04\【实战】制作花纹旋转文字 .mp4

01 按 Ctrl+N 组合键，在弹出的【新建文档】对话框中将【宽】、【高】分别设置为 658、368，将【帧速率】设置为 24，将【平台类型】设置为 ActionScript 3.0，单击【创建】按钮。在【属性】面板中将【背景颜色】设置为 #CCCCCC，设置完成后，按 Ctrl+R 组合键，在弹出的【导入】对话框中选择"素材\Cha06\花纹旋转素材 .jpg"素材文件，单击【打开】按钮。打开【对齐】面板，勾选【与舞台对齐】复选框，单击【水平中齐】按钮与【垂直中齐】按钮，如图 6-59 所示。

图 6-59

02 按 Ctrl+F8 组合键，在弹出的【创建新元件】对话框中将【名称】设置为"花"，将【类型】设置为【图形】，如图 6-60 所示。

图 6-60

03 设置完成后，单击【确定】按钮。在工具栏中单击【钢笔工具】按钮，单击【对象绘制】按钮将其开启，在舞台中绘制一个图形。选中该图形，在【属性】面板中将【对象绘制模式】开启，将【填充颜色】设置为 #D57DE5，将【笔触颜色】设置为无，如图 6-61 所示。

图 6-61

04 选中该图形，对其进行复制、粘贴，并调整粘贴后的对象的大小、位置及角度，如图 6-62 所示。

图 6-62

05 使用同样的方法在舞台中绘制其他图形，并将【填充颜色】设置为 #F3A8CB，如图 6-63 所示。

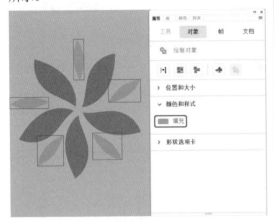

图 6-63

06 按 Ctrl+F8 组合键，在弹出的【创建新元件】对话框中将【名称】设置为"变换颜色"，将【类型】设置为【影片剪辑】，如图 6-64 所示。

图 6-64

07 设置完成后，单击【确定】按钮。打开【库】面板，选择"花"图形元件，按住鼠标将其拖曳到舞台中，并调整其位置，如图 6-65 所示。

08 在【时间轴】面板中选择"图层_1"的第 5 帧，按 F6 键插入关键帧。选中该帧上的元件，在【属性】面板中将【色彩效果】选项组中的【颜色样式】设置为【高级】，并设置其参数，如图 6-66 所示。

图 6-65

图 6-66

09 在【时间轴】面板中选择该图层第 1 帧至第 5 帧之间的任意帧，单击鼠标右键，在弹出的快捷菜单中选择【创建传统补间】命令，如图 6-67 所示。

图 6-67

10 在【时间轴】面板中选择"图层_1"的第10帧，按F6键插入关键帧。选中第10帧的元件，在【属性】面板中设置【色彩效果】选项组中的【高级】参数，如图6-68所示。

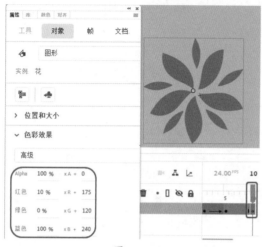

图 6-68

11 在【时间轴】面板中选择该图层第5帧至第10帧的任意帧，单击鼠标右键，在弹出的快捷菜单中选择【创建传统补间】命令，如图6-69所示。

图 6-69

12 选中该图层的第15帧，按F6键插入关键帧。选中该帧上的元件，在【属性】面板中设置【色彩效果】选项组中的【高级】参数，如图6-70所示。

图 6-70

13 在【时间轴】面板中选择该图层第10帧至第15帧之间的任意帧，单击鼠标右键，在弹出的快捷菜单中选择【创建传统补间】命令，如图6-71所示。

图 6-71

14 选中该图层的第20帧，按F6键插入关键帧。选中该帧上的元件，在【属性】面板中设置【色彩效果】选项组中的【高级】参数，如图6-72所示。

15 在【时间轴】面板中选择该图层第15帧至第20帧之间的任意帧，单击鼠标右键，在弹出的快捷菜单中选择【创建传统补间】命令，如图6-73所示。

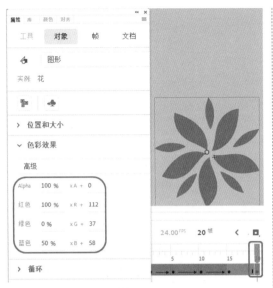

图 6-72

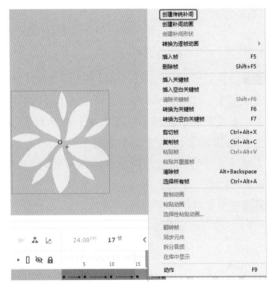

图 6-73

16 按 Ctrl+F8 组合键，在弹出的对话框中将【名称】设置为"旋转的花"，将【类型】设置为【影片剪辑】，如图 6-74 所示。

图 6-74

17 设置完成后，单击【确定】按钮。在【库】面板中选择"变换颜色"影片剪辑元件，按

住鼠标将其拖曳至舞台中。按 Ctrl+T 组合键，在打开的【变形】面板中将【缩放宽度】、【缩放高度】均设置为 70%，如图 6-75 所示。

18 在【时间轴】面板中选择"图层_1"的第 10 帧，按 F6 键插入关键帧。选中该帧上的元件，在【变形】面板中将【缩放宽度】、【缩放高度】均设置为 100%，将【旋转】设置为 180°，并适当调整其位置，如图 6-76 所示。

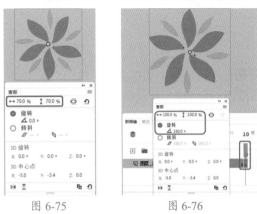

图 6-75　　　　　　　图 6-76

19 在【时间轴】面板中选择该图层第 1 帧至第 10 帧之间的任意帧，单击鼠标右键，在弹出的快捷菜单中选择【创建传统补间】命令，如图 6-77 所示。

图 6-77

20 在【时间轴】面板中选择"图层_1"的第 20 帧，按 F6 键插入关键帧。选中该帧上的元件，在【变形】面板中将【缩放宽度】、【缩放高度】均设置为 70%，将【旋转】设置为 -10°，并适当调整其位置，如图 6-78 所示。

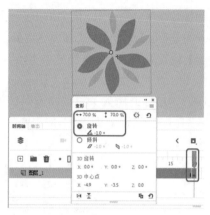

图 6-78

[21] 在【时间轴】面板中选择该图层第 10 帧至第 15 帧之间的任意帧，单击鼠标右键，在弹出的快捷菜单中选择【创建传统补间】命令，如图 6-79 所示。

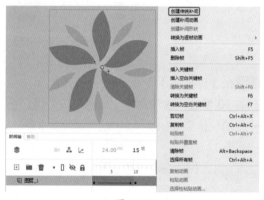

图 6-79

[22] 按 Ctrl+F8 组合键，在弹出的对话框中将【名称】设置为"护"，将【类型】设置为【图形】，如图 6-80 所示。

图 6-80

[23] 设置完成后，单击【确定】按钮。在工具栏中单击【文本工具】按钮 T，在舞台中单击鼠标并输入文字。选中输入的文字,在【属性】面板中将【字体】设置为【方正粗宋简体】，将【大小】设置为 25pt，将【填充颜色】设置为白色，如图 6-81 所示。

图 6-81

[24] 按 Ctrl+F8 组合键，在弹出的对话框中将【名称】设置为"肤"，将【类型】设置为【图形】，如图 6-82 所示。

图 6-82

[25] 设置完成后，单击【确定】按钮。使用【文本工具】在舞台中输入文字并选中输入的文字，在【属性】面板中将【字体】设置为【方正粗宋简体】，将【大小】设置为 25pt，将【填充颜色】设置为白色，将 X、Y 分别设置为 −8.25、−47.55，如图 6-83 所示。

[26] 使用同样的方法创建"欢""乐""颂"图形元件，并分别进行相应的设置，如图 6-84 所示。

图 6-83 图 6-84

[27] 按 Ctrl+F8 组合键，在弹出的对话框中将【名称】设置为"文字动画"，将【类型】

设置为【影片剪辑】，如图 6-85 所示。

图 6-85

28 设置完成后，单击【确定】按钮。选中"图层_1"的第 19 帧，按 F6 键插入关键帧。在【库】面板中选择"护"元件，按住鼠标将其拖曳至舞台中。在【属性】面板中将【宽】、【高】分别设置为 28.7、42.15，X、Y 分别设置为 60、35，将【色彩效果】选项组中的【颜色样式】设置为 Alpha，将 Alpha 设置为 0%，如图 6-86 所示。

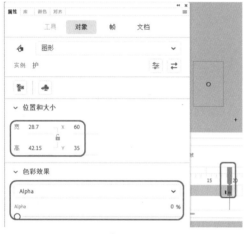

图 6-86

29 选中"图层_1"的第 155 帧，按 F5 键插入帧。选中第 25 帧，按 F6 键插入关键帧。在【属性】面板中将 Y 设置为 30，将【颜色样式】设置为 Alpha，如图 6-87 所示。

图 6-87

30 选择第 19 帧至第 25 帧之间的任意帧，单击鼠标右键，在弹出的快捷菜单中选择【创建传统补间】命令，如图 6-88 所示。

图 6-88

31 在【时间轴】面板中单击【新建图层】按钮⊞，新建"图层_2"。在【库】面板中将"旋转的花"影片剪辑元件拖曳到舞台中，在【变形】面板中将【缩放宽度】、【缩放高度】均设置为 50%，在【属性】面板中将 X、Y 分别设置为 36、-5，如图 6-89 所示。

图 6-89

32 在【时间轴】面板中选择"图层_2"的第 20 帧，按 F6 键插入关键帧，再在第 25 帧处插入关键帧。选中第 25 帧上的元件，在【属性】面板中将【颜色样式】设置为 Alpha，将 Alpha 设置为 0%，如图 6-90 所示。

图 6-90

33 在【时间轴】面板中选择第 20 帧至第 25 帧之间的任意帧，单击鼠标右键，在弹出的快捷菜单中选择【创建传统补间】命令，如图 6-91 所示。

图 6-91

34 在【时间轴】面板中选择"图层_1"和"图层_2"，单击鼠标右键，在弹出的快捷菜单中选择【复制图层】命令，如图 6-92 所示。

图 6-92

35 选中复制后的两个图层的第 1 帧至第 25 帧，按住鼠标将其移动至第 30 帧处，如图 6-93 所示。

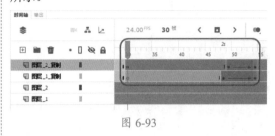

图 6-93

36 将"图层_2_复制"图层中所有元件的 X、Y 分别设置为 66、-5，如图 6-94 所示。

图 6-94

37 选中"图层_1_复制"图层中第 48 帧的元件，在元件上单击鼠标右键，在弹出的快捷菜单中选择【交换元件】命令，如图 6-95 所示。

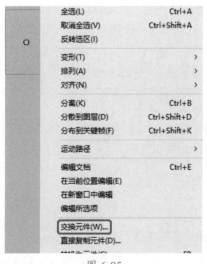

图 6-95

38 执行该操作后，即可打开【交换元件】对话框，在该对话框中选择"肤"图形元件，如图 6-96 所示，单击【确定】按钮。

图 6-96

39 继续选中该元件，在【属性】面板中将 X、Y 分别设置为 57.5、40，如图 6-97 所示。

图 6-97

40 使用相同的方法将第 54 帧上的元件进行交换，在【属性】面板中将 X、Y 分别设置为 57.5、35，如图 6-98 所示。

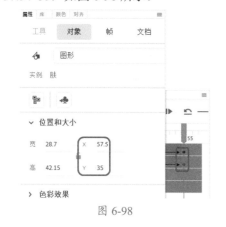

图 6-98

41 使用同样的方法复制其他图层并对复制的图层进行调整，效果如图 6-99 所示。

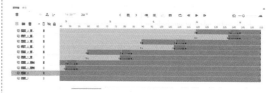

图 6-99

42 返回至场景 1 中，在【时间轴】面板中新建"图层_2"，在【库】面板中将"文字动画"影片剪辑元件拖曳到舞台中，在【变形】面板中将【缩放宽度】、【缩放高度】均设置为 200%，并调整其位置，效果如图 6-100 所示。

图 6-100

43 调整完成后按 Ctrl+Enter 组合键，测试动画效果，如图 6-101 所示。

图 6-101

6.2 引导层动画

引导层在影片制作中起辅助作用，分为普通引导层和运动引导层。本节将讲解引导层动画。

■ 6.2.1 普通引导层

普通引导层以图标 ★ 表示，起到辅助静态对象定位的作用，它无须使用被引导层，可以单独使用。创建普通引导层的操作很简单，只需选中要作为引导层的图层，右击鼠标并在弹出的快捷菜单中选择【引导层】命令即可，如图 6-102 所示。

图 6-102

如果想将普通引导层改为普通图层，只需要再次在图层上单击鼠标右键，从弹出的快捷菜单中选择【引导层】命令即可。引导层有着与普通图层相似的图层属性，因此，可以在普通引导层上进行前边讲过的任何针对图层的操作，如锁定、隐藏等。

■ 6.2.2 运动引导层

使用运动引导层可以创建特定路径的补间动画效果，实例、组或文本块均可沿着这些路径运动。在影片中也可以将多个图层链接到一个运动引导层，从而使多个对象沿同一条路径运动，链接到运动引导层的常规层相应地就成为引导层。

在 Animate 2020 中建立直线运动是一项很容易的工作，但建立曲线运动或沿一条特定路径运动的动画却不是直接能够完成的，需要运动引导层的帮助。在运动引导层的名称旁边有一个图标 ，表示当前图层的状态是运动引导，运动引导层总是与至少一个图层相关联(如果需要，它可以与任意多个图层相关联)，这些被关联的图层称为被引导层。将层与运动引导层关联可以使被引导层上的任意对象沿着运动引导层上的路径运动。创建运动引导层时，已被选择的层都会自动与该运动引导层建立关联。也可以在创建运动引导层之后，将其他任意多的标准层与运动层相关联或者取消它们之间的关联。任何被引导层的名称栏都被嵌在运动引导层的名称栏下面，表明一种层次关系。

> 提示：在默认情况下，任何新生成的运动引导层都会自动放置在用来创建该运动引导层的普通层的上面。用户可以像操作标准图层一样重新安排它的位置，不过所有同它连接的层都将随之移动，以保持它们之间的引导与被引导关系。

创建运动引导层的过程也很简单，选中被引导层，右击鼠标并在弹出的快捷菜单中选择【添加传统运动引导层】命令即可，如图 6-103 所示。

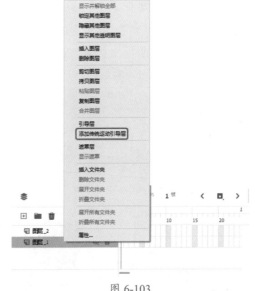

图 6-103

运动引导层的默认命名规则为"引导层：被引导图层名"。建立运动引导层的同时也建立了两者之间的关联，从图 6-104 中"图层 _1"的标签向内缩进可以看出两者之间的关系，具有缩进的图层为被引导层，上方无缩进的图层为运动引导层。如果在运动引导层上绘制一条路径，任何同该层建立关联的层上的过渡元件都将沿这条路径运动。以后可以将任意多的标准图层关联到运动引导层，这样，所有被关联的图层上的过渡元件都共享同一条运动路径。要使更多的图层同运动引导层建立关联，只需将其拖曳到引导层下即可。

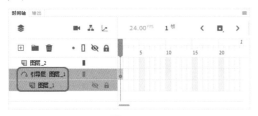

图 6-104

 【实战】 制作父亲节贺卡

本例介绍父亲节贺卡的制作方法，首先导入素材文件，将导入的素材文件转换为元件，并为其添加传统补间动画，利用补间形状制作切换动画，创建文字，通过调整文字的位置和不透明度来创建文字移动动画，最后为贺卡添加按钮和音乐即可，效果如图 6-105 所示。

图 6-105

素材	素材 \Cha06\ 背景 01.jpg、背景 02.jpg、背景 03.jpg、背景 04.jpg、父亲节贺卡背景音乐 .mp3
场景	场景 \Cha06\【实战】制作父亲节贺卡 .fla
视频	视频教学 \Cha06\【实战】制作父亲节贺卡 .mp4

01 新建【宽】、【高】分别为 440、330，【帧速率】为 24，【平台类型】为 ActionScript 3.0 的文档。在【属性】面板中将【背景颜色】设置为 #FFCC99，在菜单栏中选择【文件】|【导入】|【导入到库】命令，在弹出的【导入到库】对话框中选择"素材 \Cha06\ 背景 01.jpg、背景 02.jpg、背景 03.jpg、背景 04.jpg、父亲节贺卡背景音乐 .mp3"素材文件，单击【打开】按钮，将素材文件导入库中，如图 6-106 所示。

图 6-106

02 按 Ctrl+F8 组合键，在弹出的对话框中将【名称】设置为"背景 01"，将【类型】设置为【图形】，如图 6-107 所示。

图 6-107

03 设置完成后，单击【确定】按钮。在【库】面板中选择素材文件"背景01.jpg"，按住鼠标将其拖曳至舞台中，在【属性】面板中将【宽】、【高】分别设置为499.95、336.1，X、Y分别设置为-249、-190，如图6-108所示。

图 6-108

04 返回至场景1中，在【库】面板中选择"背景01"图形文件，按住鼠标将其拖曳至舞台中，在【属性】面板中将X、Y分别设置为191.5、189.95，如图6-109所示。

图 6-109

05 在【时间轴】面板中选中该图层的第120帧，按F6键插入关键帧。选中该帧上的元件，在【属性】面板中将X设置为248.5，如图6-110所示。

图 6-110

06 选中该图层的第85帧，右击鼠标，在弹出的快捷菜单中选择【创建传统补间】命令，如图6-111所示。

图 6-111

07 在【时间轴】面板中单击【新建图层】按钮 ⊞，新建"图层_2"。在工具栏中单击【矩形工具】按钮 ▢，在【属性】面板中确认【对象绘制模式】为开启状态，在舞台中绘制一个矩形。选中绘制的矩形，在【属性】面板中将【宽】、【高】分别设置为500、359.95，将X、Y分别设置为-18、-10，将【填充颜色】设置为#FFFFFF，【笔触颜色】设置为无，如图6-112所示。

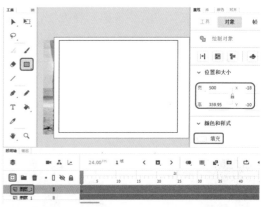

图 6-112

08 选中"图层_2"的第13帧，按F6键插入关键帧。选中该帧上的图形，在【属性】面板中将【宽】、【高】分别设置为76、439，将【填充Alpha】设置为0%，如图6-113所示。

09 在【时间轴】面板中选中该图层的第6帧，右击鼠标，在弹出的快捷菜单中选择【创建补间形状】命令，如图6-114所示。

图 6-113

图 6-114

10 执行上步操作后，即可为该图形创建补间形状动画，效果如图 6-115 所示。

图 6-115

11 在【时间轴】面板中新建"图层_3"，选中该图层的第 15 帧，按 F6 键插入关键帧。在工具栏中单击【文本工具】按钮 T，在舞台中单击鼠标，输入文字。选中输入的文字，在【属性】面板中将【字体】设置为【微软雅黑】，将【字体样式】设置为 Bold，将【大小】设置为 14pt，将【颜色】设置为 #663300，将【填充 Alpha】设置为 100%，如图 6-116 所示。

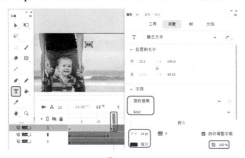

图 6-116

12 选中该文字，按 F8 键，在弹出的对话框中将【名称】设置为"文字 1"，将【类型】设置为【图形】，如图 6-117 所示。

图 6-117

13 设置完成后，单击【确定】按钮。选中该元件，在【属性】面板中将 X、Y 分别设置为 215.7、41.3，将【颜色样式】设置为 Alpha，将 Alpha 设置为 0%，如图 6-118 所示。

图 6-118

14 选中该图层的第 32 帧，按 F6 键插入关键帧。选中该帧上的元件，在【属性】面板中将 Y 设置为 27.3，将【颜色样式】设置为无，如图 6-119 所示。

图 6-119

15 选中该图层的第 23 帧，右击鼠标，在弹出的快捷菜单中选择【创建传统补间】命令，如图 6-120 所示。

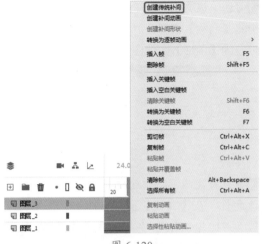

图 6-120

16 在【时间轴】面板中新建图层，选中该图层的第 24 帧，按 F6 键插入关键帧。在工具栏中单击【文本工具】按钮，在舞台中单击鼠标，输入文字。选中输入的文字，在【属性】面板中将【字体】设置为【微软雅黑】，将【字体样式】设置为 Bold，将【大小】设置为 30pt，将【填充颜色】设置为 #663300，如图 6-121 所示。

图 6-121

17 选中该文字，按 F8 键，在弹出的对话框中将【名称】设置为"文字 2"，将【类型】设置为【图形】，如图 6-122 所示。

图 6-122

18 设置完成后，单击【确定】按钮。选中"文字 2"元件，在【属性】面板中将 X、Y 分别设置为 277.15、49.4，将【颜色样式】设置为 Alpha，将 Alpha 设置为 0%，如图 6-123 所示。

图 6-123

19 选中该图层的第 38 帧，按 F6 键插入关键帧，选中该帧上的元件，在【属性】面板中将 X 设置为 257.65，将【颜色样式】设置为无，如图 6-124 所示。

图 6-124

20 选择该图层的第 30 帧，右击鼠标，在弹出的快捷菜单中选择【创建传统补间】命令，创建传统补间后的效果如图 6-125 所示。

图 6-125

21 在【时间轴】面板中新建图层，选中该图层的第 32 帧，按 F6 键插入关键帧。使用【文本工具】在舞台中输入文字并选中输入的文字，在【属性】面板中将【大小】设置为 14pt，如图 6-126 所示。

图 6-126

22 继续选中该文字，按 F8 键，在弹出的对话框中将【名称】设置为"文字 3"，将【类型】设置为【图形】，设置完成后，单击【确定】按钮。在【属性】面板中将 X、Y 分别设置为 327.3、51.75，将【颜色样式】设置为 Alpha，将 Alpha 设置为 0%，如图 6-127 所示。

图 6-127

23 选中该图层的第 45 帧，按 F6 键插入关键帧。选中该帧上的元件，在【属性】面板中将 Y 设置为 57.25，将【颜色样式】设置为无，如图 6-128 所示。

图 6-128

24 选中该图层的第 38 帧并右击鼠标，在弹出的快捷菜单中选择【创建传统补间】命令。在【时间轴】面板中选择"图层 _2"的第 26 帧，按 F7 键插入空白关键帧，使用【文本工具】在舞台中输入文本，并在【属性】面板中将【大小】设置为 50pt，将【填充颜色】设置为 #996600，如图 6-129 所示。

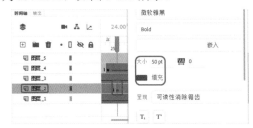

图 6-129

25 选中该文字，按 F8 键，在弹出的对话框中将【名称】设置为"文字 4"，将【类型】设置为【图形】，设置完成后，单击【确定】按钮。选中该元件，在【属性】面板中将 X、Y 分别设置为 352.3、36.75，将【颜色样式】设置为 Alpha，将 Alpha 设置为 0%，如图 6-130 所示。

图 6-130

26 选中"图层 _2"的第 94 帧，按 F6 键插入关键帧，选中该帧上的元件，在【属性】面板中将 Alpha 设置 23%，如图 6-131 所示。

27 选中该图层的第 60 帧并右击鼠标，在弹出的快捷菜单中选择【创建传统补间】命令，在【时间轴】面板中选择【图层 _5】，单击【新建图层】按钮，并选中【图层 _6】的第 108 帧，按 F6 键插入关键帧，在工具栏中单击【矩形工具】按钮，在舞台中绘制矩形，在【属性】面板中将【宽】、【高】分别设置为492、73.9，将【X】、【Y】分别设置为-18、-10，将【填充颜色】设置为白色，将【填充Alpha】设置为0，将【笔触颜色】设置为无，如图6-132所示。

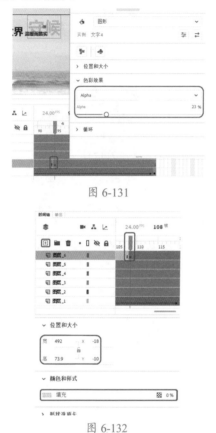

图 6-131

图 6-132

28 选中第120帧，按F6键插入关键帧，选中该帧上的图形，在【属性】面板中将【宽】、【高】分别设置为494、374，将【填充Alpha】设置为100%，将【填充颜色】设置为白色，如图6-133所示。

图 6-133

29 选择该图层的第113帧，右击鼠标，在弹出的快捷菜单中选择【创建补间形状】命令，效果如图6-134所示。

图 6-134

30 使用前面介绍的方法创建其他动画效果，如图6-135所示。

图 6-135

31 按Ctrl+F8组合键，在弹出的对话框中将【名称】设置为"飘动的小球"，将【类型】设置为【影片剪辑】，如图6-136所示。

图 6-136

32 设置完成后，单击【确定】按钮。在工具栏中单击【椭圆工具】按钮 ◎，在舞台中绘制一个圆形，在【属性】面板中将【宽】、【高】均设置为47，将【填充颜色】设置为#FFFFFF，将【笔触颜色】设置为无，如图6-137所示。

图 6-137

33 选中上步绘制的图形，按 F8 键，在弹出的对话框中将【名称】设置为"小球"，将【类型】设置为【图形】，并设置其中心位置，如图 6-138 所示。

图 6-138

34 设置完成后，单击【确定】按钮。选中"小球"元件，在【属性】面板中将【宽】、【高】均设置为 38.6，将 X、Y 分别设置为 -123.1、49.75，将【颜色样式】设置为 Alpha，将 Alpha 设置为 24%，如图 6-139 所示。

图 6-139

35 选中该图层的第 23 帧，按 F6 键插入关键帧，选中该帧上的元件，在【属性】面板中将 Y 设置为 11.5，将 Alpha 设置为 0%，如图 6-140 所示。

图 6-140

36 在该图层的第 1 帧与第 23 帧之间创建传统补间，选中该图层的第 25 帧，按 F6 键插入关键帧，选中该帧上的元件，在【属性】面板中将【宽】、【高】均设置为 47，将 Y 设置为 171.45，将 Alpha 设置为 100%，如图 6-141 所示。

图 6-141

37 选中该图层的第 48 帧，按 F6 键插入关键帧，选中该帧上的元件，在【属性】面板中将【宽】、【高】均设置为 38.9，将 Y 设置为 53.15，将 Alpha 设置为 0%，如图 6-142 所示。

38 在该图层的第 25 帧与第 37 帧之间创建传统补间，并使用同样的方法创建其他小球运动动画，如图 6-143 所示。

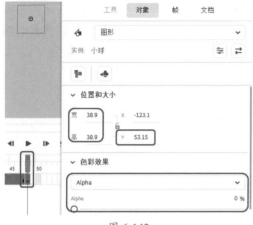

图 6-142

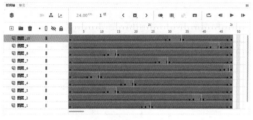

图 6-143

39 返回至场景 1 中，在【时间轴】面板中新建"图层_7"，在【库】面板中将"飘动的小球"影片剪辑拖曳至舞台中，并调整其位置，效果如图 6-144 所示。

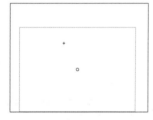

图 6-144

40 选中该元件，在【属性】面板中将【颜色样式】设置为【高级】，并设置其参数，效果如图 6-145 所示。

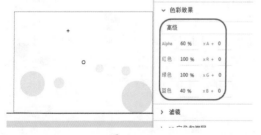

图 6-145

41 继续选中该对象，在【属性】面板中单击【滤镜】选项组中的【添加滤镜】按钮 +，在弹出的下拉列表中选择【模糊】命令，如图 6-146 所示。

图 6-146

42 将【模糊 X】、【模糊 Y】均设置为10，将【品质】设置为【高】，如图 6-147 所示。

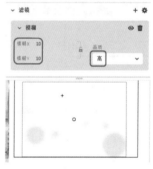

图 6-147

43 在【混合】选项组中将【混合】设置为【叠加】，如图 6-148 所示。

图 6-148

44 按 Ctrl+F8 组合键，在弹出的对话框中将【名称】设置为"按钮"，将【类型】设置为【按钮】，如图 6-149 所示。

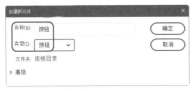

图 6-149

45 设置完成后，单击【确定】按钮。使用【文本工具】在舞台中输入文字，选中输入的文字，在【属性】面板中将【字体】设置为【汉仪立黑简】，将【大小】设置为28pt，将【颜色】设置为白色，将 X、Y 分别设置为50.7、45.55，如图 6-150 所示。

46 在【时间轴】面板中选中该图层的指针经过帧，按F6键插入关键帧，选中该帧上的文字，在【属性】面板中将【填充颜色】设置为#FF3366，如图 6-151 所示。

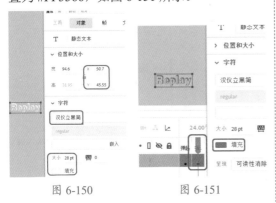

图 6-150   图 6-151

47 返回至场景 1 中，在【时间轴】面板中新建图层，选择该图层的第 480 帧，按F6键插

入关键帧。在【库】面板中选中"按钮"元件，按住鼠标将其拖曳至舞台中，并调整其位置，在【属性】面板中将【实例名称】设置为"m"，如图 6-152 所示。

图 6-152

48 选中该按钮元件，按F9键，在弹出的面板中输入代码，如图 6-153 所示。

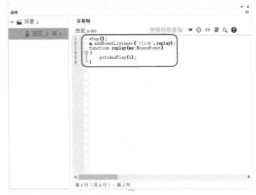

图 6-153

49 在【时间轴】面板中新建图层，在【库】面板中将"父亲节贺卡背景音乐.mp3"素材文件拖曳至舞台中，为其添加背景音乐，如图 6-154 所示。

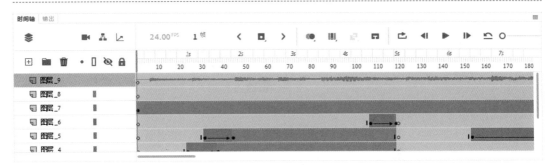

图 6-154

6.3 遮罩动画基础

要创建遮罩层，可以将遮罩放在作用的层上。与填充不同的是，遮罩就像一个窗口，透过它可以看到其下面链接层的区域。除了显示的内容之外，其余的所有内容都会被隐藏。

就像运动引导层一样，遮罩层起初与一个单独的被遮罩层关联，被遮罩层位于遮罩层的下面。创建遮罩层的操作如下。

01 首先创建一个普通层"图层_1"，并在此层绘制可透过遮罩层显示的图形与文本。

02 新建"图层_2"，在"图层_2"上创建一个填充区域和文本。

03 在该层上单击鼠标右键，从弹出的快捷菜单中选择【遮罩层】命令，如图6-155所示，将"图层_2"设置为遮罩层，而其下面的"图层_1"就变成了被遮罩层。

图 6-155

课后项目练习
制作护肤品广告动画

人们都喜欢追求一些比较美好的东西，因而外观的美丑，将直接影响人对它的喜爱程度。人与人之间的交往，第一印象非常重要，而第一印象中，面部的美丑占很大成分。虽然改变不了自己的五官，但可以通过皮肤护理，提高自己的形象，清洁对于肌肤保养来说，是至关重要的，好的护肤品更是关键。

本案例将介绍散点遮罩动画的制作方法，主要通过将绘制的图形转换为元件，并为其添加传统补间动画，然后为创建完成的图形动画中的图像进行遮罩，从而完成散点遮罩动画的制作，效果如图6-156所示。

课后项目练习效果展示

图 6-156

课后项目练习过程概要

01 将"护肤品广告动画素材1.jpg""护肤品广告动画素材2.jpg"素材文件导入【库】面板中。

02 新建元件，使用【多边形工具】绘制菱形，再次新建元件，将"菱形"元件拖入新建的元件中并复制多个菱形。

03 为素材文件添加遮罩层。

素材	素材 \Cha06\ 护肤品广告动画素材 1.jpg、护肤品广告动画素材 2.jpg
场景	场景 \Cha06\ 制作护肤品广告动画 .fla
视频	视频教学 \Cha06\ 制作护肤品广告动画 .mp4

01 新建【宽】、【高】分别为 1000 像素、530 像素，【帧速率】为 24，【平台类型】为 ActionScript 3.0 的文档。在菜单栏中选择【文件】|【导入】|【导入到库】命令，在弹出的对话框中选择"素材 \Cha06\ 护肤品广告动画素材 1.jpg、护肤品广告动画素材 2.jpg"素材文件，单击【打开】按钮，如图 6-157 所示。

图 6-157

02 打开【库】面板，在该面板中将"护肤品广告动画素材 1.jpg"素材文件拖曳至舞台中。确认选中舞台中的素材，打开【对齐】面板，勾选【与舞台对齐】复选框，单击【水平中齐】按钮与【垂直中齐】按钮，如图 6-158 所示。

图 6-158

03 选择"图层 _1"的第 65 帧，按 F5 键插入帧。新建"图层 _2"，在【库】面板中将"护肤品广告动画素材 2.jpg"素材文件拖曳至舞台中，确认选中素材，在【对齐】面板中单击【水平中齐】按钮与【垂直中齐】按钮，如图 6-159 所示。

04 按 Ctrl+F8 组合键，在弹出【创建新元件】对话框中将【名称】设置为"菱形"，将【类型】设置为【影片剪辑】，如图 6-160 所示。

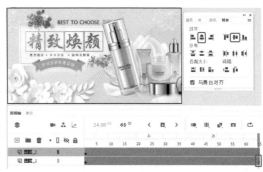

图 6-159

图 6-160

05 设置完成后，单击【确定】按钮。在工具栏中单击【多角星形工具】按钮 ●，打开【属性】面板，任意设置填充颜色，将【笔触颜色】设置为无，在【工具选项】选项组中将【样式】设置为【多边形】，将【边数】设置为 4，如图 6-161 所示。

图 6-161

06 在舞台中绘制一个菱形，选中绘制的图形，在【属性】面板中将【宽】、【高】均设置为 1，将 X、Y 均设置为 -5，如图 6-162 所示。

图 6-162

提示：这里菱形的颜色值为 #5D86B2。

07 在【时间轴】面板中选择第 10 帧，按 F6 键插入关键帧，选中矩形，在【属性】面板中将【宽】、【高】均设置为 12.8，将 X、Y 分别设置为 −11.5、−10.6，如图 6-163 所示。

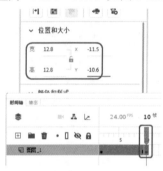

图 6-163

08 选择第 55 帧，按 F6 键插入关键帧，在【属性】面板中将【宽】、【高】分别设置为 110、110.05，在【对齐】面板中单击【水平中齐】按钮与【垂直中齐】按钮，如图 6-164 所示。

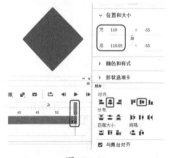

图 6-164

09 在"图层 _1"的第 10 帧至第 55 帧之间的任意帧位置单击鼠标右键，在弹出的快捷菜单中选择【创建补间形状】命令，如图 6-165 所示。

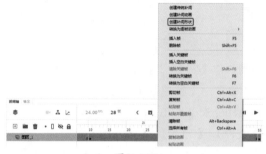

图 6-165

提示：插入关键帧调整图形的大小后，须将图形调整至中心位置。

10 在该图层的第 65 帧处按 F5 键插入帧，按 Ctrl+F8 组合键，打开【创建新元件】对话框，在该对话框中将【名称】设置为"多个菱形"，将【类型】设置为【影片剪辑】，如图 6-166 所示。

图 6-166

11 打开【库】面板，在该面板中将"菱形"元件拖曳至舞台中，在【属性】面板中将 X、Y 分别设置为 −20.5、−16.55，如图 6-167 所示。

图 6-167

12 在舞台中复制多个菱形动画对象，并将其调整至合适的位置，如图 6-168 所示。

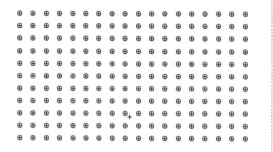

图 6-168

> 提示：使用【选择工具】选择要复制的对象，按住 Alt 键进行移动即可复制该对象，复制完成后的图形元件总大小，应尽量与创建的文件大小 (1000×530) 相仿。

13 选择"图层_1"的第 65 帧，按 F5 键插入帧。单击左上角的 ← 按钮，新建"图层_3"，在【库】面板中选择"多个菱形"影片剪辑，将其拖曳至舞台中，并适当调整其大小与位置，如图 6-169 所示。

图 6-169

> 提示：如果将"多个菱形"元件拖入图层后，其大小与舞台大小相差过大需要调整时，应进入元件的调整舞台进行调整，并且不应使用【任意变形工具】调整，而应使用【选择工具】调整。

14 在【时间轴】面板的"图层_3"上单击鼠标右键，在弹出的快捷菜单中选择【遮罩层】命令，如图 6-170 所示。

图 6-170

15 选择命令后，图像的显示效果以及图层的显示效果如图 6-171 所示。

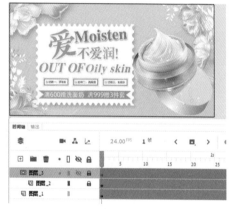

图 6-171

16 按 Ctrl+Enter 组合键测试动画效果，如图 6-172 所示，然后对完成后的场景进行保存。

图 6-172

第 07 章

制作美食网站切换动画——ActionScript 基本语句

本章导读：

    本章主要熟悉 Animate 的编程环境，媒体常用的控制命令，并以动画中的关键帧、按钮和影片剪辑作为对象，使用动作选项对 ActionScript 脚本语言进行定义和编写。

【案例精讲】
制作美食网站切换动画

为了更好地完成本设计案例，现对制作要求及设计内容做如下规划，效果如图 7-1 所示。

作品名称	制作美食网站切换动画
作品尺寸	965 像素 ×483 像素
设计创意	俗话说酒香也怕巷子深，要想将美食卖出去，我们得考虑如何在互联网上做好美食推广，让潜在客户知道我们，了解我们，一个美观大方的美食网站才能给我们带来客源、赢得利润。本节将介绍如何制作美食网站切换动画效果
主要元素	(1) 美食背景图片 (2) 按钮元件
应用软件	Animate 2020
素材	素材 \Cha07\ 美食 01.jpg、美食 02.jpg、美食 03.jpg
场景	场景 \Cha07\【案例精讲】制作美食网站切换动画 .fla
视频	视频教学 \Cha07\【案例精讲】制作美食网站切换动画 .mp4
美食网站切换动画效果欣赏	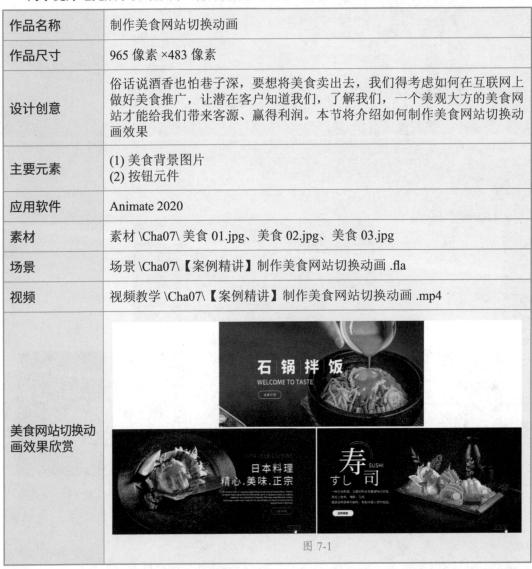 图 7-1

01 新建【宽】、【高】分别为 965 像素、483 像素，【帧速率】为 24，【平台类型】为 ActionScript 3.0 的文档。按 Ctrl+R 组合键，在弹出的【导入】对话框中选择素材文件"美食 01.jpg"，单击【打开】按钮，在弹出的对话框中单击【否】按钮。选中该素材文件，在【属性】面板中将【宽】、【高】分别设置为 965、482.5，如图 7-2 所示。

图 7-2

02 选中导入的素材并按 F8 键，在打开的对话框中，输入【名称】为"图 1"，将【类型】设置为【图形】，单击【确定】按钮。在【属性】面板中将【色彩效果】选项组中的【颜色样式】设置为 Alpha，Alpha 设置为 0%，如图 7-3 所示。

图 7-3

03 设置完成后，在第 49 帧的位置按 F6 键插入关键帧。在【属性】面板中将【色彩效果】选项组中的【颜色样式】设置为无，并在"图层 _1"的两个关键帧之间插入传统补间，效果如图 7-4 所示。

图 7-4

04 在该图层第 150 帧的位置插入关键帧，然后在第 180 帧的位置插入关键帧，选中第 180 帧上的元件，在舞台中选中元件，在【属性】面板中

将【色彩效果】选项组中的【颜色样式】设置为 Alpha，将 Alpha 设置为 0%，并在第 150 帧至第 180 帧之间创建传统补间，如图 7-5 所示。

图 7-5

05 新建"图层 _2"，然后在第 180 帧的位置插入关键帧，使用同样方法导入"美食 02.jpg"素材文件。在【属性】面板中将【宽】、【高】分别设置为 965、482.5，按 F8 键，将图片转换为图形元件，【名称】设置为"图 2"。选中舞台中的元件，在【属性】面板中将【色彩效果】选项组中的【颜色样式】设置为 Alpha，Alpha设置为 0%。在第 235 帧的位置插入关键帧，将元件的 Alpha 设置为无，并在两个关键帧之间创建传统补间，效果如图 7-6 所示。

图 7-6

06 在第 335 帧和第 360 帧的位置插入关键帧，将 Alpha 设置为 0%，并在这两个关键帧之间创建传统补间，效果如图 7-7 所示。

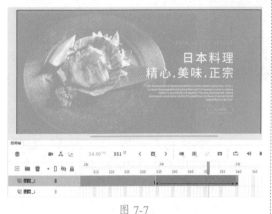

图 7-7

07 使用同样方法新建图层并创建动画效果，按 Ctrl+F8 快捷组合键，在打开的对话框中输入【名称】为【按钮 1】，将【类型】设置为按钮，单击【确定】按钮，使用【矩形工具】在舞台中绘制矩形，然后在【属性】面板中将【宽】和【高】均设置为 30，【填充颜色】设置为黑色，【笔触颜色】设置为白色，【笔触大小】设置为 1.5，如图 7-8 所示。

图 7-8

08 使用【文本工具】在矩形中输入文字，选中输入的文字，在【属性】面板中将【系列】设置为【方正大标宋简体】，【大小】设置为 20pt，【颜色】设置为白色，如图 7-9 所示。

09 在该图层的指针经过帧插入关键帧，选中文字，将【颜色】设置为 #FFCC00，如图 7-10 所示。

图 7-9

图 7-10

10 使用同样的方法再制作两个按钮元件，并输入不同文字，效果如图 7-11 所示。

图 7-11

提示：在【库】面板中要复制元件，可以选中要复制的元件，右键单击，在弹出的快捷菜单中选择【直接复制】命令。

11 返回到场景中，新建"图层_4"，将创建的按钮元件拖至舞台中并调整位置，按钮元件的【大小】设置为20pt，效果如图7-12所示。

图 7-12

12 分别在舞台中选中按钮元件1、2、3，在【属性】面板中设置【实例名称】为"a""b""c"，设置完成后新建"图层_5"，选中第1帧并按F9键，在打开的【动作】面板中输入代码，如图7-13所示。

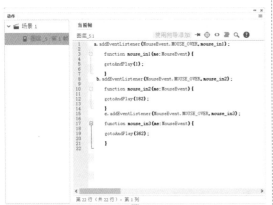

图 7-13

知识链接：

在此输入的代码如下。

```
a.addEventListener(MouseEvent.MOUSE_OVER,mouse_in1);
    function mouse_in1(me:MouseEvent){
    gotoAndPlay(1);
    }
  b.addEventListener(MouseEvent.MOUSE_OVER,mouse_in2);
    function mouse_in2(me:MouseEvent){
    gotoAndPlay(182);
    }
  c.addEventListener(MouseEvent.MOUSE_OVER,mouse_in3);
    function mouse_in3(me:MouseEvent){
    gotoAndPlay(362);
    }
```

13 选中"图层_5"的第540帧，按F6键插入关键帧，然后按F9键，在打开的【动作】面板中输入代码 gotoAndPlay(3);，如图7-14所示。

图 7-14

14 关闭该面板，对场景进行保存导出即可。

7.1 数据类型

数据类型描述了一个变量或者元素能够存放何种类型的数据信息。Animate 的数据类型分为基本数据类型和指示数据类型，基本数据类型包括对象 (Object) 和电影剪辑 (MC)。基本数据类型可以实实在在地被赋予一个不变的数值；而指示数据类型则是一些指针的集合，由它们指向真正的变量。

7.1.1 字符串数据类型

字符串是诸如字母、数字和标点符号等字符的序列。将字符串放在单引号或双引号之间，可以在动作脚本语句中输入它们。字符串被当作字符，而不是变量进行处理。例如，在下面的语句中，L7 是一个字符串。

```
favoriteBand = "L7";
```

可以使用加法 (+) 运算符连接或合并两个字符串。动作脚本将字符串前面和后面的空格作为该字符串的文本部分。下面的表达式在逗号后包含一个空格。

```
greeting = "Welcome, " + firstName;
```

虽然动作脚本在引用变量、实例名称和帧标签时不区分大小写，但是文本字符串是区分大小写的。例如，下面两个语句会在指定的文本字段变量中放置不同的文本，这是因为 Hello 和 HELLO 是文本字符串。

```
invoice.display = "Hello";
invoice.display = "HELLO";
```

要在字符串中包含引号，可以在它前面放置一个反斜杠字符 (\)，此字符称为转义字符。在动作脚本中，还有一些必须用特殊的转义序列才能表示的字符。

7.1.2 数字数据类型

数字数据类型是很常见的类型，其中包含的都是数字。在 Animate 2020 中，所有的数字数据类型都是双精度浮点类型，可以用数学运算来得到或者修改这种类型的变量，如+、-、*、/、% 等。Animate 2020 提供了一个数学函数库，其中有很多有用的数学函数，这些函数都放在 Math 这个对象里面，可以被调用。例如：

```
result=Math.sqrt(100);
```

在这里调用的是一个求平方根的函数，先求出 100 的平方根，然后赋值给 result 这个变量，这样 result 就是一个数字变量了。

7.1.3 布尔值数据类型

布尔值有 true 和 false。动作脚本也会在需要时将值 true 和 false 转换为 1 或 0。布尔值通过进行比较来控制脚本流的动作脚本语句，经常与逻辑运算符一起使用。例如，在下面的脚本中，如果变量 password 为 true，则会播放影片。

```
onClipEvent(enterFrame)
{
if(userName == true && password == true)
{
play();
}
}
```

7.1.4 对象数据类型

对象是属性的集合，每个属性都有名称和值。属性的值可以是任何 Animate 2020 数据类型，甚至可以是对象数据类型。这使得用户可以将对象相互包含，或"嵌套"。要指定对象和它们的属性，可以使用点 (.) 运算符。例如，在下面的代码中，hoursWorked 是 weeklyStats 的属性，而后者是 employee 的属性。

```
employee.weeklyStats.hoursWorked
```

可以使用内置动作脚本对象访问和处理特定种类的信息。例如，Math 对象具有一些方法，这些方法可以对传递给它们的数字执行数学运算。此示例使用 sqrt 方法。

```
squareRoot = Math.sqrt(100);
```

动作脚本 MovieClip 对象具有一些方法，可以使用这些方法控制舞台上的电影剪辑元件实例。此示例使用 play 和 nextFrame 方法。

```
mcInstanceName.play();
mcInstanceName.nextFrame();
```

也可以创建对象来组织影片中的信息。要使用动作脚本向影片添加交互操作，需要许多信息。例如，可能需要用户的姓名、球的速度、购物车中的项目名称、加载的帧的数量、用户的邮编或上次按下的键。创建对象可以将信息分组，简化脚本撰写过程，并且能重新使用脚本。

■ 7.1.5　电影剪辑数据类型

这个类型是对象类型中的一种，但是因为它在 Animate 2020 中处于极其重要的地位，而且使用频率很高，所以在这里特别加以介绍。在整个 Animate 2020 中，只有 MC 真正指向场景中的一个电影剪辑。通过这个对象和它的方法及对其属性的操作，就可以控制动画的播放和 MC 状态，也就是说，可以用脚本程序来书写和控制动画。例如：

```
onClipEvent(mouseUp)
{
          myMC.prevFrame();
}
// 松开鼠标左键时，电影片段 myMC 就会跳到前一帧
```

■ 7.1.6　空值数据类型

空值数据类型只有一个值，即 null。此值意味着"没有值"，即缺少数据。null 值可以用于各种情况，下面是一些示例。

◎　表明变量还没有接收到值。

◎　表明变量不再包含值。

◎　作为函数的返回值，表明函数没有可以返回的值。

◎　作为函数的一个参数，表明省略了一个参数。

7.2　变量

与其他编程语言一样，Flash 脚本对变量也有一定的要求。不妨将变量看成一个容器，可以在里面装各种各样的数据。在播放电影的时候，通过这些数据就可以判断、记录和存储信息等。

■ 7.2.1　变量的命名

变量的命名主要遵循以下 3 条规则。

◎　变量必须是以字母或者下划线开头，其中可以包括 $、数字、字母或者下划线。如 _myMC、e3game、worl$dcup 都是有效的变量名，但是 !go、2cup、$food 就不是有效的变量名了。

◎　变量不能与关键字同名 (注意 Animate 2020 是不区分大小写的)，并且不能是 true 或者 false。

◎　变量在自己的有效区域中必须唯一。

■ 7.2.2　变量的声明

全局变量的声明，可以使用 set variables 动作或赋值操作符，这两种方法可以达到同样的目的；局部变量的声明，可以在函数体内部使用 var 语句来实现，局部变量的作用域被限定在所处的代码块中，并在块结束处终结。没有在块的内部被声明的局部变量将在它们的脚本结束处终结。

■ 7.2.3　变量的赋值

在 Animate 2020 中，不强迫定义变量的数据类型，也就是说，当把一个数据赋给一个变量时，这个变量的数据类型就确定下来了。例如：

```
s=100;
```

将 100 赋给 s 这个变量，那么 Animate 2020 就认定 s 是 Number 类型的变量。如果在后面的程序中出现如下语句：

```
s="this is a string"
```

那么从这开始，s 变量的类型就变成了 String 类型，这其中并不需要进行类型转换。而如果声明一个变量，又没有被赋值的话，这个变量不属于任何类型，在 Animate 2020 中称它为未定义类型 Undefined。

在脚本编写过程中，Animate 2020 会自动将一种类型的数据转换成另一种类型。如 "this is the" +7+ "day" 这个语句中有一个 "7" 是属于 Number 类型的，但是前后用运算符号 "+" 连接的都是 String 类型，这时 Animate 2020 应把 "7" 自动转换成字符，也就是说，这个语句的值是 "this is the 7 day"。原因是使用了 "+" 操作符，而 "+" 操作符在用于字符串变量时，其左右两边的内容都是字符串类型，这时 Animate 2020 就会自动做出转换。

这种自动转换在一定程度上可以省去编写程序时的不少麻烦，但是也会给程序带来不稳定因素。因为这种操作是自动执行的，有时候可能就会对一个变量在执行中的类型变化感到疑惑，到底这个时候那个变量是什么类型的呢？

Animate 2020 提供了一个 trace() 函数进行变量跟踪，可以使用这个语句得到变量的类型，使用形式如下：

```
trace(typeof(variable Name));
```

这样就可以在输出窗口中看到需要确定的变量的类型。

同时读者也可以自己手动转换变量的类型，使用 number 和 string 两个函数就可以把一个变量的类型在 Number 和 String 之间切换。例如，

```
s="123";
number(s);
```

就把 s 的值转换成了 Number 类型，它的值是 123。同理，String 也是一样的用法。例如，

```
q=123;
string(q);
```

就把 q 转换成为 String 型变量，它的值是 123。

7.2.4 变量的作用域

变量的 "范围" 是指一个区域，在该区域内变量是已知且可以引用的。在动作脚本中有以下 3 种类型的变量范围。

◎ 本地变量：是在它们自己的代码块（由大括号界定）中可用的变量。

◎ 时间轴变量：是可以用于任何时间轴的变量，条件是使用目标路径。

◎ 全局变量：是可以用于任何时间轴的变量（即使不使用目标路径）。

可以使用 var 语句在脚本内声明一个本地变量。例如，变量 i 和 j 经常用作循环计数器。在下面的示例中，i 用作本地变量，它只存在于函数 makeDays 的内部。

```
function makeDays()
{
var i;
for( i = 0; i < monthArray[month]; i++ )
{
_root.Days.attachMovie( "DayDisplay", i, i + 2000 );
_root.Days[i].num = i + 1;
_root.Days[i]._x = column * _root.Days[i]._width;
_root.Days[i]._y = row * _root.Days[i]._height;
column = column + 1;
if(column == 7 )
{
column = 0;
row = row + 1;
}
}
}
```

本地变量也可防止出现名称冲突，名称冲突会导致影片出现错误。例如，如果使用 name 作为本地变量，可以用它在一个环境中

存储用户名，而在其他环境中存储电影剪辑实例，因为这些变量是在不同的范围中运行的，它们不会有冲突。

在函数体中使用本地变量是一个很好的习惯，这样该函数可以充当独立的代码。本地变量只有在它自己的代码块中是可更改的。如果函数中的表达式使用全局变量，则在该函数以外也可以更改它的值，这样也更改了该函数。

7.2.5　变量的使用

要想在脚本中使用变量，首先必须在脚本中声明这个变量，如果使用了未做声明的变量，则会出现错误。

另外，还可以在一个脚本中多次改变变量的值。变量包含的数据类型将对变量何时改变以及怎样改变产生影响。原始的数据类型，如字符串和数字等，将以值的方式进行传递，也就是说，变量的实际内容将被传递给变量。

例如，变量 ting 包含一个基本数据类型 4，因此这个实际的数字 4 被传递给了函数 sqr，返回值为 16。

```
function sqr(x)
{
 return x*x;
}
var ting = 4;
var out=sqr(ting);
```

其中，变量 ting 中的值仍然是 4，并没有改变。

又如，在下面的程序中, x 的值被设置为 1，然后这个值被赋给 y，随后 x 的值被重新改变为 10，但此时 y 仍然是 1，因为 y 并不跟踪 x 的值，它在此只是存储 x 曾经传递给它的值。

```
var x=1;
var y=x;
var x=10;
```

7.3　运算符

运算符其实就是一个选定的字符，使用它们可以连接、比较、修改已定义的数值。下面讨论一些常见的运算符。

7.3.1　数值运算符

数值运算符可以执行加法、减法、乘法、除法运算，也可以执行其他算术运算。增量运算符最常见的用法是 i++，而不是比较烦琐的 i = i+1，可以在操作数前面或后面使用增量运算符。在下面的示例中，age 首先递增，然后与数字 30 进行比较。

```
if(++age >= 30)
```

下面的示例 age 在执行比较之后递增。

```
if(age++ >= 30)
```

在表 7-1 中，列出了动作脚本数值运算符。

表 7-1　数值运算符

运 算 符	执行的运算
+	加法
*	乘法
/	除法
%	求模 (除后的余数)
-	减法
++	递增
--	递减

7.3.2　比较运算符

比较运算符用于比较表达式的值，然后返回一个布尔值 (true 或 false)。这些运算符最常用于循环语句和条件语句中。在下面的示例中，如果变量 score 大于 100，则载入 winner 影片；否则，载入 loser 影片。

```
if(score > 100)
{
    loadMovieNum("winner.swf", 5);
} else
{
            loadMovieNum("loser.swf", 5);
}
```

表 7-2 列出了动作脚本比较运算符。

表 7-2　比较运算符

运 算 符	执行的运算
<	小于
>	大于
<=	小于或等于
>=	大于或等于

■ 7.3.3　逻辑运算符

逻辑运算符用于比较布尔值 (true 和 false)，然后返回第 3 个布尔值。例如，如果两个操作数都为 true，则逻辑"与"运算符 (&&) 将返回 true。如果其中一个或两个操作数为 true，则逻辑"或"运算符 (||) 将返回 true。逻辑运算符通常与比较运算符配合使用，以确定 if 动作的条件。例如，在下面的脚本中，如果两个表达式都为 true，则会执行 if 动作。

```
if(i > 10 && _framesloaded > 50)
{
    play();
}
```

表 7-3 列出了动作脚本逻辑运算符。

表 7-3　逻辑运算符

运 算 符	执行的运算
&&	逻辑"与"
||	逻辑"或"
!	逻辑"非"

■ 7.3.4　赋值运算符

可以使用赋值运算符 (=) 给变量指定值，例如：

```
password = "Sk8tEr"
```

还可以使用赋值运算符在一个表达式中给多个参数赋值。在下面的语句中，a 的值会被赋予变量 b、c 和 d。

```
a = b = c = d
```

也可以使用复合赋值运算符联合多个运算。复合赋值运算符可以对两个操作数都进行运算，然后将新值赋予第 1 个操作数。例如，下面两条语句是等效的：

```
x += 15;
x = x + 15;
```

赋值运算符也可以用在表达式的中间，如下所示：

```
// 如果 flavor 不等于 vanilla，则输出信息
if((flavor = getIceCreamFlavor())!= "vanilla")
{
            trace("Flavor was " + flavor + ",
not vanilla.");
    }
```

此代码与下面稍显烦琐的代码是等效的：

```
flavor = getIceCreamFlavor();
if(flavor != "vanilla")
{
            trace("Flavor was " + flavor + ",
not vanilla.");
    }
```

表 7-4 列出了动作脚本赋值运算符。

表 7-4　赋值运算符

运 算 符	执行的运算
=	赋值
+=	相加并赋值
-=	相减并赋值

续表

运 算 符	执行的运算
*=	相乘并赋值
%=	求模并赋值
/=	相除并赋值
<<=	按位左移位并赋值
>>=	按位右移位并赋值
>>>=	右移位填零并赋值
^=	按位"异或"并赋值
|=	按位"或"并赋值
&=	按位"与"并赋值

■ 7.3.5 运算符的优先级和结合性

当两个或两个以上的操作符在同一个表达式中使用时，一些操作符与其他操作符相比具有更高的优先级。例如，带"*"的运算要在"+"运算之前执行，因为乘法运算的优先级高于加法运算。ActionScript 就是严格遵循这个优先等级来决定先执行哪个操作，后执行哪个操作的。

例如，在下面的程序中，括号里面的内容先执行，结果是 12：

```
number=(10-4)*2;
```

而在下面的程序中，先执行乘法运算，结果是 2：

```
number=10-4*2;
```

如果两个或两个以上的操作符拥有同样的优先级，则决定它们的执行顺序的就是操作符的结合性了，结合性可以从左到右，也可以从右到左。

例如，乘法操作符的结合性是从左向右，所以下面两条语句是等价的：

```
number=3*4*5;
number=(3*4)*5
```

7.4 ActionScript 的语法

了解 ActionScript 的语法是 ActionScript 编程的重要一环，对语法有了充分的了解，才能在编程中游刃有余。ActionScript 的语法相对于其他一些专业程序语言来说较为简单，下面将就其详细内容进行介绍。

■ 7.4.1 点语法

如果读者有 C 语言的编程经历，可能对"."不会陌生，它用于指向一个对象的某一个属性或方法。在 Animate 2020 中同样也沿用了这种使用惯例，只不过在这里它的具体对象大多数情况下是 Animate 2020 中的 MC，也就是说，这个点指向了每个 MC 所拥有的属性和方法。

例如，有一个 MC 的 Instance Name 是 desk，_x 和 _y 表示这个 MC 在主场景中的 x 坐标和 y 坐标。可以用如下语句得到它的 x 位置和 y 位置：

```
trace(desk._x);
trace(desk._y);
```

这样，就可以在输出窗口中看到这个 MC 的位置了，也就是说，desk._x、desk._y 就指明了 desk 这个 MC 在主场景中的 x 位置和 y 位置。

再来看一个例子，假设有一个 MC 的实例名为 cup，在 cup 这个 MC 中定义了一个变量 height，那么可以通过如下代码访问 height 这个变量并对它赋值：

```
cup.height=100;
```

如果这个叫作 cup 的 MC 又是放在一个叫作 tools 的 MC 中，那么，可以使用如下代码对 cup 的 height 变量进行访问：

```
tools.cup.height=100;
```

对于方法 (Method) 的调用也是一样的，下面的代码调用了 cup 这个 MC 的一个内置函数 play：

```
cup.play();
```

这里有两个特殊的表达方式，一个是 _root.，另一个是 _parent.。

_root：表示主场景的绝对路径，也就是说，_root.play() 表示开始播放主场景，_root.count 表示在主场景中的变量 count。

_parent.：表示父场景，也就是上一级的 MC。就如前面那个 cup 的例子，如果在 cup 这个 MC 中写入 parent.stop()，表示停止播放 tools 这个 MC。

■ 7.4.2　斜杠语法

在 Animate 2020 的早期版本中，"/" 被用来表示路径，通常与 ":" 搭配，用来表示一个 MC 的属性和方法。Animate 2020 仍然支持这种表达，但是它已经不是标准的语法了，例如，如下的代码完全可以用 "." 来表达，而且 "." 更符合习惯，也更科学。所以建议用户在今后的编程中尽量少用或不用 "/" 表达方式。例如：

```
myMovieClip/childMovieClip：myVariable
```

可以替换为如下代码：

```
myMovieClip.childMovieClip.myVariable
```

■ 7.4.3　界定符

在 Animate 2020 中，很多语法规则都沿用了 C 语言的规范，最典型的就是 "{}" 语法。在 Animate 2020 和 C 语言中，都是用 "{}" 把程序分成一个一个的模块，可以把括号中的代码看作一句表达。而 "()" 则多用来放置参数，如果括号里面是空的，就表示没有任何参数传递。

1. 大括号

ActionScript 的程序语句被一对大括号 "{}" 结合在一起，形成一个语句块，如下面的语句：

```
onClipEvent(load)
{
    top=_y;
    left=_x;
    right=_x;
    bottom=_y+100;
}
```

2. 括号

括号用于定义函数中的相关参数，例如：

```
function Line(x1,y1,x2,y2){···}
```

另外，还可以通过使用括号来改变 ActionScript 操作符的优先级顺序，对一个表达式求值，以及提高脚本程序的可读性。

3. 分号

在 ActionScript 中，任何一条语句都是以分号来结束的，但是即使省略了作为语句结束标志的分号，Animate 2020 同样可以成功地编译这个脚本。

例如，下面两条语句有一条采用分号作为结束标记，而另一条则没有，但它们都可以由 Animate 2020 CS3 编译。

```
html=true;
html=true
```

■ 7.4.4　关键字

ActionScript 中的关键字是在 ActionScript 程序语言中有特殊含义的保留字符，如表 7-5 所示，不能将它们作为函数名、变量名或标号名来使用。

表 7-5　关键字

break	continue	delete	else
for	function	if	in

续表

new	return	this	typeof
var	void	while	with

7.4.5　注释

可以使用注释语句为程序添加注释信息，这有利于帮助设计者或程序阅读者理解这些程序代码的意义，例如：

```
function Line(x1,y1,x2,y2){···}
// 定义 Line 函数
```

在动作编辑区，注释在窗口中以灰色显示。

 【实战】制作按钮切换背景颜色

本例将介绍按钮切换背景颜色动画的制作，该例的制作比较简单，主要是先制作按钮元件，然后输入代码，效果如图 7-15 所示。

图 7-15

素材	素材 \Cha07\ 圣诞树 .png
场景	场景 \Cha07\【实战】制作按钮切换背景颜色 .fla
视频	视频教学 \Cha07\【实战】制作按钮切换背景颜色 .mp4

01 新建【宽】、【高】分别为 367 像素、457 像素，【帧速率】为 30，【平台类型】为 ActionScript 3.0 的文档。使用【矩形工具】在舞台中绘制【宽】为 367 像素、【高】为 457 像素的矩形，然后选择绘制的矩形，在【颜色】面板中将【颜色类型】设置为【径向渐变】，

将左侧色块的颜色设置为 # F95050，将右侧色块的颜色设置为 # B50000，将【笔触颜色】设置为无，填充颜色后的效果如图 7-16 所示。

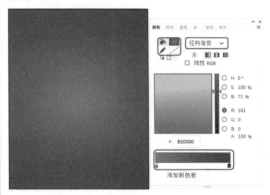

图 7-16

02 确认绘制的矩形处于选择状态，按 Ctrl+C 组合键进行复制，选择"图层 _1"的第 2 帧，按 F7 键插入空白关键帧，并按 Ctrl+Shift+V 组合键进行粘贴，然后选择复制的矩形，在【颜色】面板中将左侧色块的颜色设置为 # 13647F，将右侧色块的颜色设置为 # 13223E，效果如图 7-17 所示。

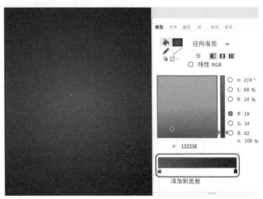

图 7-17

03 选择"图层 _1"的第 3 帧，按 F7 键插入空白关键帧，然后按 Ctrl+Shift+V 组合键进行粘贴。选择复制的矩形，在【颜色】面板中将左侧色块的颜色设置为 # 6ECB23，将右侧色块的颜色设置为 # 3F8803，效果如图 7-18 所示。

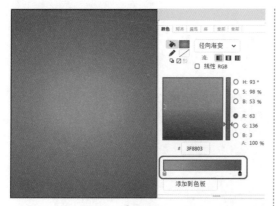

图 7-18

04 选择"图层_1"第1帧上的矩形，按F8键，弹出【转换为元件】对话框，输入【名称】为"红色矩形"，将【类型】设置为【图形】，将对齐方式设置为左上角对齐，单击【确定】按钮，如图7-19所示。

图 7-19

05 使用同样的方法，将"图层_1"第2帧和第3帧上的矩形分别转换为"蓝色矩形"图形元件和"绿色矩形"图形元件，如图7-20所示。

图 7-20

06 按 Ctrl+F8 组合键，弹出【创建新元件】对话框，输入【名称】为"红色按钮"，将【类型】设置为【按钮】，单击【确定】按钮，如图7-21所示。

图 7-21

07 在【库】面板中将"红色矩形"图形元件拖曳至舞台中，并在【属性】面板中取消宽度值和高度值的锁定，将"红色矩形"图形元件的【宽】设置为70，将【高】设置为28，将X、Y均设置为0，如图7-22所示。

图 7-22

08 选择指针经过帧，按F6键插入关键帧，然后在工具栏中选择【矩形工具】，在舞台中绘制宽为70、高为28的矩形。选择绘制的矩形，在【属性】面板中将【填充颜色】设置为白色，并将填充颜色的 Alpha 值设置为30%，将【笔触颜色】设置为无，如图7-23所示。

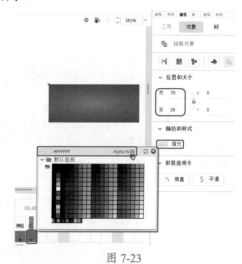

图 7-23

09 使用同样的方法，制作"蓝色按钮"和"绿色按钮"元件，效果如图 7-24 所示。

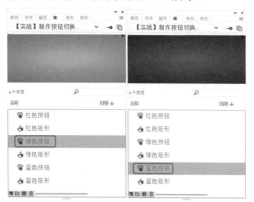

图 7-24

10 返回到场景 1 中，新建"图层 _2"，然后按 Ctrl+R 组合键，弹出【导入】对话框，在该对话框中选择"素材 \Cha07\ 圣诞树 .png"素材图片，单击【打开】按钮，即可将选择的素材图片导入舞台中。选中该素材图片，在【属性】面板中将 X、Y 都设置为 0，将【宽】、【高】分别设置为 367、457.2，效果如图 7-25所示。

图 7-25

11 确认素材图片处于选择状态，按 F8 键，弹出【转换为元件】对话框，输入【名称】为"圣诞树"，将【类型】设置为【影片剪辑】，单击【确定】按钮，如图 7-26 所示。

图 7-26

12 在【属性】面板中，将【混合】设置为【滤色】，效果如图 7-27 所示。

图 7-27

13 新建"图层 _3"，在工具栏中选择【矩形工具】，将【填充颜色】设置为白色，并确认填充颜色的 Alpha 值为 100%，将【笔触颜色】设置为无，然后在舞台中绘制一个宽为 80、高为 100 的矩形，如图 7-28 所示。

图 7-28

14 新建"图层 _4"，在【库】面板中将"蓝色按钮"元件拖曳至舞台中，并调整其位置，然后在【属性】面板中输入【实例名称】为"B"，如图 7-29 所示。

图 7-29

15 使用同样的方法，将"红色按钮"元件和"绿色按钮"元件拖曳至舞台中，并在【属性】面板中将【实例名称】分别设置为"R"和"G"，如图 7-30 所示。

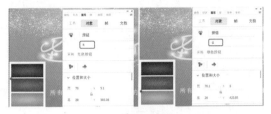

图 7-30

16 新建"图层_5", 在第 1 帧处按 F9 键, 打开【动作】面板, 在该面板中输入代码, 如图 7-31 所示。

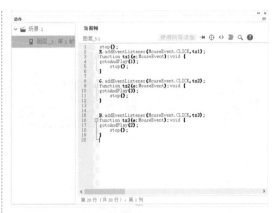

图 7-31

知识链接:

在此输入的代码如下。

```
stop();
R.addEventListener(MouseEvent.CLICK,tz1);
function tz1(e:MouseEvent):void {
gotoAndPlay(1);
    stop();
}

G.addEventListener(MouseEvent.CLICK,tz2);
function tz2(e:MouseEvent):void {
gotoAndPlay(3);
    stop();
}

B.addEventListener(MouseEvent.CLICK,tz3);
function tz3(e:MouseEvent):void {
gotoAndPlay(2);
    stop();
}
```

17 至此, 完成该动画的制作, 按 Ctrl+Enter 组合键测试影片, 如图 7-32 所示, 然后导出影片并将场景文件保存即可。

图 7-32

课后项目练习
放大镜效果

下面介绍制作按钮切换图片效果, 效果如图 7-33 所示。

课后项目练习效果展示

图 7-33

课后项目练习过程概要

01 打开素材文件，制作杂志背景和放大镜元件。

02 通过使用按钮元件和代码制作放大镜效果。

素材	素材 \Cha07\ 制作放大镜效果 .fla
场景	场景 \Cha07\ 放大镜效果 .fla
视频	视频教学 \Cha07\ 放大镜效果 .mp4

01 启动 Animate 2020 软件，打开"素材\Cha07\ 制作放大镜效果 .fla"素材文件，按 Ctrl+F8 组合键，在弹出的【创建新元件】对话框中，将【名称】设置为"小画"，将【类型】设置为【影片剪辑】，然后单击【确定】按钮，如图 7-34 所示。

图 7-34

02 将【库】面板中的"时装杂志 .jpg"素材图片添加到舞台中，在【属性】面板中，将【位置和大小】中的 X 和 Y 都设置为 0，如图 7-35 所示。

图 7-35

03 返回到场景 1 中，将【库】面板中的"小画"影片剪辑元件添加到舞台中，并将其调整至舞台中央，将其【实例名称】设置为"xh"，如图 7-36 所示。

图 7-36

04 按 Ctrl+F8 组合键，新建"大画"影片剪辑元件，将【库】面板中的"时装杂志 .jpg"素材图片添加到舞台中，在【属性】面板中，将【位置和大小】中的 X、Y 均设置为 0，如图 7-37 所示。

图 7-37

05 按 Ctrl+F8 组合键，新建"放大镜"影片剪辑元件，将【库】面板中的"放大镜"素材图片添加到舞台中，在【属性】面板中，将【位置和大小】选项组中的 X 和 Y 均设置为 -12，如图 7-38 所示。

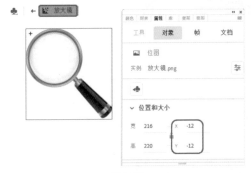

图 7-38

06 按 Ctrl+F8 组合键，新建"圆"影片剪辑元件，使用【椭圆工具】 ⬤ 在舞台中绘制一个圆形，然后在【属性】面板中，将【笔触颜色】设置为无，【填充颜色】设置为任意颜色，将【位置和大小】中的 X 和 Y 均设置为 0，【宽】和【高】均设置为 66.8，如图 7-39 所示。

提示：在此绘制圆形时，因为圆形需要作为遮罩图层，所以圆形的颜色可以忽略不计，将圆形设置为任何颜色都可以。

图 7-39

07 返回至场景 1，新建"图层 _2"，将"大画"影片剪辑元件添加到舞台中，在【属性】面板中，将其【实例名称】设置为"dh"，选中该元件，将 X、Y 均设置为 0，将【宽】、【高】分别设置为 852.3、1335，如图 7-40 所示。

图 7-40

08 新建"图层 _3"，将"圆"影片剪辑元件添加到舞台中，在【属性】面板中将【实例名称】设置为"yuan"，如图 7-41 所示。

图 7-41

09 新建"图层 _4",将"放大镜"影片剪辑元件添加到舞台中,在【属性】面板中,将其【实例名称】设置为"fdj",将【宽】、【高】分别设置为118.8、121,将其调整至如图7-42所示位置。

图 7-42

10 在【时间轴】面板中选择"图层 _3",右击鼠标,在弹出的快捷菜单中选择【遮罩层】命令,将其转换为遮罩层,然后新建"图层 _5",如图7-43所示。

图 7-43

提示:在调整放大镜位置时,需要将放大镜调整至与圆形重叠的位置。

11 在"图层 _5"的第1帧处,按F9键,打开【动作】面板,输入脚本代码,如图7-44所示。

图 7-44

12 将【动作】面板关闭,然后将文件保存,最后按Ctrl+Enter组合键对影片进行测试。

知识链接:

在此输入的代码如下。

```
var porcentajeX:uint = 110 / (dh.width / (xh.width - fdj.width / 2));

var porcentajeY:uint = 110/ (dh.height / (xh.height - fdj.height / 2));

var distX:uint = 0;

var distY:uint = 0;

var fdj_fx:Boolean = false;

fdj.addEventListener(MouseEvent.MOUSE_OVER, fdjRollOver);

fdj.addEventListener(MouseEvent.MOUSE_OUT, fdjRollOut);

fdj.addEventListener(MouseEvent.MOUSE_MOVE, fdjMouseMove);
```

```
function fdjRollOver(event:MouseEvent):void
{
    fdj_fx = true;
}
function fdjRollOut(event:MouseEvent):void
{
    fdj_fx = false;
}
function fdjMouseMove(event:MouseEvent):void
{
    if (fdj_fx == true) {
                calculaDist();
                muevefdj();
                fdj.x = mouseX+10 - fdj.width / 2;
                fdj.y = mouseY+10 - fdj.height / 2;
                if (fdj.x < xh.x) {
                        fdj.x = xh.x;
                } else if (fdj.x > xh.x + xh.width - fdj.width) {
                        fdj.x = xh.x + xh.width - fdj.width+20;
                }
                if (fdj.y < xh.y) {
                        fdj.y = xh.y;
                } else if (fdj.y > xh.y + xh.height - fdj.height) {
                        fdj.y = xh.y + xh.height - fdj.height+18;
                }
                yuan.x = fdj.x;
                yuan.y = fdj.y;
    }
}
function calculaDist():void
{
    distX = (fdj.x - xh.x) / porcentajeX * 100;
    distY = (fdj.y - xh.y) / porcentajeY * 100;
}
function muevefdj():void
{
    dh.x = yuan.x - distX;
    dh.y = yuan.y - distY;
}w
```

第 08 章

课程设计

本章导读：

    本章通过两个精彩案例综合应用前面所学的知识，案例效果可应用于网站、广告等行业。通过对本章的学习，可以真正地了解 Animate 2020 软件的应用。

风景网站切换动画

效果展示：

操作要领：

(1) 新建文档，导入风景素材，插入关键帧制作风景展示动画。

(2) 制作左箭头和右箭头按钮元件，并为其实例命名。

(3) 新建图层，按 F9 键，在打开的面板中输入相应的代码。

8.2 餐厅网站动画

效果展示：

操作要领：

(1) 新建文档，导入素材文件，制作背景以及进度条开场动画。

(2) 将导入的素材制作成按钮元件，将其添加至舞台中，并为按钮元件实例命名。

(3) 使用形状补间与传统补间动画制作图片展示动画。

(4) 新建图层，按 F9 键，在打开的面板中输入相应的代码。

附　录
常用快捷键

文件		
新建：Ctrl+N	从模板新建：Ctrl+Shift+N	打开：Ctrl+O
在 Bridge 中浏览：Ctrl+Alt+O	关闭：Ctrl+W	全部关闭：Ctrl+Alt+W
保存：Ctrl+S	另存为：Ctrl+Shift+S	【导入】|【导入到舞台】：Ctrl+R
【导入】|【导入到外部库】：Ctrl+Shift+O	【导出】|【导出影片】：Ctrl+Alt+Shift+S	发布设置：Ctrl+Shift+F12
发布：Alt+Shift+F12	退出：Ctrl+Q	

编辑		
撤销：Ctrl+Z	重做：Ctrl+Y	剪切：Ctrl+X
复制：Ctrl+C	粘贴到中心位置：Ctrl+V	粘贴到当前位置：Ctrl+Shift+V
清除：Backspace	直接复制：Ctrl+D	全选：Ctrl+A
取消全选：Ctrl+Shift+A	查找和替换：Ctrl+F	查找下一个：F3
【时间轴】|【删除帧】：Shift+F5	【时间轴】|【剪切帧】：Ctrl+Alt+X	【时间轴】|【复制帧】：Ctrl+Alt+C
【时间轴】|【粘贴帧】：Ctrl+Alt+V	【时间轴】|【清除帧】：Alt+Backspace	【时间轴】|【选择所有帧】：Ctrl+Alt+A
编辑元件：Ctrl+E		

视图		
【转到】|【第一个】：Home	【转到】|【前一个】：Page UP	【转到】|【下一个】：Page Down
【转到】|【最后】：End	放大：Ctrl+=	缩小：Ctrl+-
【缩放比率】|【舞台居中】：Ctrl+0	【缩放比率】|100%：Ctrl+1	【缩放比率】|400%：Ctrl+4
【缩放比率】|800%：Ctrl+8	【缩放比率】|【显示帧】：Ctrl+2	【缩放比率】|【显示全部】：Ctrl+3
【预览模式】|【轮廓】：Ctrl+Alt+Shift+O	【预览模式】|【高速显示】：Ctrl+Alt+Shift+F	【预览模式】|【消除锯齿】：Ctrl+Alt+Shift+A
【预览模式】|【消除文字锯齿】：Ctrl+Alt+Shift+T	标尺：Ctrl+Alt+Shift+R	【网格】|【显示网格】：Ctrl+’

续表

【网格】｜【显示网格】：Ctrl+Alt+G	【辅助线】｜【显示辅助线】：Ctrl+;	【辅助线】｜【锁定辅助线】：Ctrl+Alt+;
【辅助线】｜【编辑辅助线】：Ctrl+Alt+Shift+G	【贴紧】｜【贴紧至网格】：Ctrl+Shift+'	【贴紧】｜【贴紧至辅助线】：Ctrl+Shift+;
【贴紧】｜【贴紧至对象】：Ctrl+Shift+U	【贴紧】｜【编辑贴紧方式】：Ctrl+/	隐藏边缘：Ctrl+Shift+E
显示形状提示：Ctrl+Alt+I		

插入		
新建元件：Ctrl+F8	【时间轴】｜【帧】：F5	

修改		
文档：Ctrl+J	转换为元件：F8	分离：Ctrl+B
【形状】｜【高级平滑】：Ctrl+Alt+Shift+M	【形状】｜【高级伸直】：Ctrl+Alt+Shift+N	【形状】｜【优化】：Ctrl+Alt+Shift+C
【形状】｜【添加形状提示】：Ctrl+Shift+H	【时间轴】｜【分散到图层】：Ctrl+Shift+D	【时间轴】｜【分布到关键帧】：Ctrl+Shift+K
【时间轴】｜【转换为关键帧】：F6	【时间轴】｜【清除关键帧】：Shift+F6	【时间轴】｜【转换为空白关键帧】：F7
【变形】｜【缩放和旋转】：Ctrl+Alt+S	【变形】：【顺时针旋转90度】：Ctrl+Shift+9	【变形】｜【逆时针旋转90度】：Ctrl+Shift+7
【变形】｜【取消变形】：Ctrl+Shift+Z	【排列】｜【移至顶层】：Ctrl+Shift+↑	【排列】｜【上移一层】：Ctrl+↑
【排列】｜【下移一层】：Ctrl+↓	【排列】｜【移至底层】：Ctrl+Shift+↓	【排列】｜【锁定】：Ctrl+Alt+L
【排列】｜【解除全部锁定】：Ctrl+Alt+Shift+L	【对齐】｜【左对齐】：Ctrl+Alt+1	【对齐】｜【水平居中】：Ctrl+Alt+2
【对齐】｜【右对齐】：Ctrl+Alt+3	【对齐】｜【顶对齐】：Ctrl+Alt+4	【对齐】｜【垂直居中】：Ctrl+Alt+5
【对齐】｜【底对齐】：Ctrl+Alt+6	【对齐】｜【按宽度均匀分布】：Ctrl+Alt+7	【对齐】｜【按高度均匀分布】：Ctrl+Alt+9
【对齐】｜【设为相同宽度】：Ctrl+Alt+Shift+7	【对齐】｜【设为相同高度】：Ctrl+Alt+Shift+9	【对齐】｜【与舞台对齐】：Ctrl+Alt+8
组合：Ctrl+G	取消组合：Ctrl+Shift+G	

文本		
【样 式】|【加 粗】：Ctrl+Shift+B	【样 式】|【斜 体】：Ctrl+Shift+I	【对齐】|【左对齐】：Ctrl+Shift+L
【对齐】|【居中对齐】：Ctrl+Shift+C	【对 齐】|【右 对 齐】：Ctrl+Shift+R	【对齐】|【两端对齐】：Ctrl+Shift+J
【字母间距】|【增加】：Ctrl+Alt+ →	【字 母 间 距】|【减 小】：Ctrl+Alt+ ←	【字母间距】|【重置】：Ctrl+Alt+ ↑
控制		
播放：Enter	后退：Shift+,	转到结尾：Shift+.
前进一帧：.	后退一帧：,	向前步进至下一个关键帧：Alt+.
向后步进至上一个关键帧：Alt+,	测试：Ctrl+Enter(数字)	测试场景：Ctrl+Alt+Enter(数字)
静音：Ctrl+Alt+M		
窗口		
直接复制窗口：Ctrl+Alt+K	时间轴：Ctrl+Alt+T	工具：Ctrl+F2
属性：Ctrl+F3	库：Ctrl+L	动作：F9
编译器错误：Alt+F2	输出：F2	对齐：Ctrl+K
颜色：Ctrl+Shift+F9	信息：Ctrl+I	样本：Ctrl+F9
变形：Ctrl+T	组件：Ctrl+F7	历史记录：Ctrl+F10
场景：Shift+F2	隐藏面板：F4	
工具栏		
箭头工具：V	部分选取工具：A	任意变形工具：Q
套索工具：L	多边形工具：Shift+L	传统画笔工具：B
橡皮擦工具：E	矩形工具：R	椭圆工具：O
基本矩形工具：Shift+R	基本椭圆工具：Shift+O	线条工具：N
钢笔工具：P	添加锚点工具：=	删除锚点工具：-
转换锚点工具：Shift+C	铅笔工具：Shift+Y	文本工具：T
手形工具：H	旋转工具：Shift+H	时间滑动工具：Alt+Shift+H
缩放工具：Z		

参 考 文 献

[1] 张菲菲 . Flash CS5 动画制作技术 [M]. 北京：化学工业出版社，2011.

[2] 周雄俊 . Flash 动画制作技术 [M]. 北京：清华大学出版社，2011.

[3] 曹铭 . FLASH MX 宝典 [M]. 北京：电子工业出版社，2003.

[4] 雪之航工作室 . Flash MX 中文版技巧与实例 [M]. 北京：中国铁道出版社，2003.

[5] 陈青 . Flash MX 2004 标准案例教材 [M]. 北京：人民邮电出版社，2006.